My First Home Baking

挑戰第一次在家烘焙

説 明

- ·計量單位以「g」、「ml」、「匙」等單位標示，用電子秤及量杯精密地測量過後，判斷對味道影響不大的食材便使用湯匙取代量匙。剛好舀滿一湯匙時標示為1匙，份量為半匙左右時則標示為1/2匙。

- ·材料份量說明中的「一小撮」約為0.5g，是用電子秤也很難測量的份量，請用拇指和食指將食材捻起一點即可。

- ·若要增加或減少食譜的份量，請務必將所有食材份量保持在固定的比例。

- ·書中標示的調理時間指的是將麵糊放入烤箱後所需的時間。

- ·根據烤箱不同，烤出來的蛋糕或餅乾狀態也會有所差異，請依照烤出來的顏色判斷，若成色較淺，可以將溫度調高10～20℃或加長烘焙時間3～5分鐘，顏色太深的話則把溫度調低10～20℃，或者縮短3～5分鐘。

My First Home Baking

挑戰第一次在家烘焙

崔志蓮 著

　　大家好，我是兩個孩子（11歲女兒、13歲兒子）的媽媽，也是本書的作者小不點Chu Chu。之前雖然出版過幾本書，不過正式的烘培書還是第一次。這是一本在40度的酷暑下忙著開關烤箱，非常認真製作出來的書，裡面也收錄了一些可以和孩子們一起動手的部分，也是我個人更愛這本書的原因。

　　我常常跟在部落格上發問的讀者說，我只是一個喜歡而且經常烘焙的平凡主婦而已，所以會為了喜歡在家烘焙的各位挑選簡單的食譜，盡可能努力整理出最能輕鬆上手的內容。

　　開始烘焙的契機是因為兒子的肌膚非常敏感，他是個很愛吃點心的小孩，但市面上販售的糕點幾乎都沒辦法吃，不過如果因為這樣就不給他吃又覺得很對不起他，所以便開始了我的家庭烘焙之路。「媽媽做的布朗尼好好吃！」、「媽媽，我覺得妳做的比外面賣的好吃多了。」聽到孩子們如此豎起拇指大力稱讚，我也跟著心情大好，開始更認真地做各種點心給他們吃。

　　而自己在家做的媽媽牌點心，的確可以更少糖，也不用擔心額外的添加物，讓人非常安心。偶爾花時間做點餅乾或蛋糕讓孩子們帶去學校送給朋友，小孩們都非常開心。老公現在也說我做的麵包和餅乾比起外面賣的更合他的口味。獲得了全家人的稱讚，我便自然而然地更加沉迷於烘焙了。無論是什麼契機，希望各位也試著從零開始吧！不需要煩惱「做點心真的好難」，只要願意嘗試，就一定可以輕鬆做出人人都說好吃的餅乾，以及拿到哪裡都毫不遜色的美麗蛋糕。

很多人在開始動手烘焙前都會擔心失敗了該怎麼辦，但我想告訴各位真的不需要擔心。沒有第一次就做得好的人，一開始總是需要一點跌跌撞撞。請大家保持一顆清澈開闊的心，跟著步驟一步步嘗試，如果哪裡還不夠，下次再挑戰就可以了！就算是我，挑戰比較困難的食譜，也會有失敗的情況。如果想要得到成功的作品，就要勇敢地忘記面對失敗的恐懼。

每次看到擔心失敗的人，就會想起我第一次烤蛋糕捲的時候。因為一直做不出理想中的形狀，我一整個晚上都握著烤箱的把手，又烤，又重拌麵糊，又再送進烤箱，甚至用完了一整盤蛋才作出我心目中成功的蛋糕捲。現在又想起當時滿足的感覺了。大家懂吧？努力是不會背叛的。不斷勇敢地挑戰吧！手會自然而然記住正確的感覺的。偶爾做出來的成品不夠完美時，我現在也還是會果敢地丟掉，再從頭開始製作。希望各位可以清空多餘的思緒，跟著我慢慢從頭開始。我教給各位的內容裡不會有困難的材料，也沒有烘焙的深奧知識，只是可以單純享用美味點心的食譜，希望大家能夠輕輕鬆鬆地開始烘焙。

今天的我，為了總是向我豎起大拇指的寶貝兄妹和親愛的老公，還是會一整天開著烤箱。期盼各位能透過這本書為日常生活帶來小小的幸福，並祝各位家庭美滿幸福……

小不點Chu Chu 崔志蓮

Contents

PART 1

My First Cookie & Sweet Pastry
第一次動手作餅乾

PART 2

My First Moffin & Cake
第一次動手作瑪芬&蛋糕

PART 3

My First Pie & Tart
第一次動手作塔&派

PART 4

My First Bread
第一次動手作麵包

INTRO

Home baking
基礎指南

在家烘焙要準備的東西真的很多。除了基礎材料、工具、用語的說明之外,這個部分也收錄了許多初學者覺得很難的麵包發酵法、用剩的蛋白和蛋黃的消耗方式、在家自製紅豆餡的方法、香噴噴菠蘿皮的作法等各種實用的內容。正式開始烘焙之前,先來好好研究一番吧!

ingredients
材料介紹

除了烘焙的基礎材料──麵粉之外，在這裡還會介紹替糕點增添色香味的各種副食材。本書嚴選了生活周遭容易取得的各種材料，讓任何人都能輕鬆在家中開始烘焙。只要了解食材的特性和作用，就會自然而然懂得每樣食材的使用方式。

全麥麵粉

沒有去除外皮及胚芽，直接將整顆小麥磨碎製成的麵粉，口感較為粗糙。比一般麵粉含有更多纖維素、維他命及礦物質，營養豐富。如果製作發酵麵包或餅乾時使用全麥麵粉，雖然成色會較深，但可以作出獨具特色的風味。

裸麥麵粉

裸麥也是穀物的一種，含有豐富的食物纖維，麩質含量較低，用來製作麵包會產生偏酸的發酵氣味及濃郁的香氣。第一次吃裸麥麵粉做成的麵包時可能會覺得口感不夠細緻，這時可以減少裸麥麵粉的用量，製作時再混入高筋麵粉，便可以讓麵包的口感柔軟細緻許多。

麵粉

依蛋白質含量的多寡分為低筋麵粉、中筋麵粉及高筋麵粉。蛋白質含量高的高筋麵粉含有較多麩質蛋白，適合用來製作有嚼勁的麵包，蛋白質含量低的低筋麵粉則用來製作酥脆的餅乾。中筋麵粉一般不會用於烘焙，但如果要搭配全麥或裸麥麵粉製成麵包，也可以用來代替高筋麵粉一起混入。

鹽

為了帶出甜味，可以在麵包或餅乾裡加些鹽來提味。鹽也有抑制酵母產生二氧化碳的功能，可以避免過度發酵，讓麵包發酵得剛剛好。因此同時加入酵母以及鹽時記得要分兩邊放，避免先在碗中互相接觸，之後再均勻混合。

酵母

發酵時會產生氣體，使麵團膨脹，酵母依種類不同分為新鮮酵母與乾酵母，較常使用的為乾酵母。粉末狀乾酵母的含水量僅剩4%，因此非常便於保存，使用時可直接混入麵團或先在溫水中泡開後再混入。

新鮮酵母為含水量達70%的塊狀酵母，保存期限較短且易變質，使用新鮮酵母時所需的用量約為乾酵母的2倍。

砂糖

分為白糖、黃糖（二號砂糖）、黑糖等種類，烘焙時主要使用精製的白糖作為甜味來源，加入糖也可以使麵包和糕點的口感更為柔軟。如果想要加深成品的顏色或者增加甜度，也可以使用黃糖或黑糖。

泡打粉

能幫助麵糊膨脹的人工膨鬆劑，在製作蛋糕或瑪芬麵糊時，常會在麵粉中加入少許的泡打粉。

小蘇打粉

能使麵團膨脹，製作餅乾時經常使用。雖然和泡打粉的功用相類似，但小蘇打粉使麵糊往側邊膨脹，泡打粉的性質則會使麵糊往上膨脹。

綠茶粉

將綠茶茶葉磨碎製成的粉末，特徵是帶有苦澀味。在麵糊裡加入綠茶粉可以去除雞蛋的腥味，因此可以不需要額外加入香草精等香料。主要被用於麵團、麵糊中增添香氣及顏色，或者做為裝飾使用。

肉桂粉

將肉桂的外皮乾燥後磨製成粉狀，香氣獨特而迷人，但也具有苦味及辣味，因此烘焙時要注意少量使用。

可可粉

將咖啡色的可可豆磨碎，分離出可可脂後乾燥而成的粉末。呈深咖啡色，帶有苦澀且偏酸的味道。可可粉不溶於水，因此常與麵粉等其他粉狀材料混合使用，或者做為裝飾用。

葡萄籽油

烘焙時使用含有豐富不飽和脂肪酸的葡萄籽油代替脂肪含量高的奶油，可以作出更健康的點心。雖然也可以用亞麻仁油等各種食用油取代，但葡萄籽油沒有特殊的氣味，風味醇厚，是最適合用來烘焙的油品。

椰子油

和奶油質地相似，又對消化功能和美容有卓越功效的椰子油，近年來越來越常被作為烘焙用油使用。不過椰子油有明顯的香氣，可能會干擾其他食材的味道，建議根據個人喜好與材料的不同適度使用。

牛奶

主要被用於製作麵包和蛋糕,可以作出蓬鬆柔軟的口感。製作麵糊時用牛奶取代水,便可以作出香醇的味道和柔軟質地。麵糊太稠的時候也可以加入少許牛奶調整濃度。

鮮奶油

將牛奶中的脂肪成分提煉而成。在鮮奶油中加入砂糖打發,可做為裝飾蛋糕等用途。鮮奶油分為植物性與動物性兩種,本書中使用的是就算打發時間較長也不會發生油水分離現象的植物性鮮奶油,不僅容易打發,且裝飾時也可以輕鬆做出造型。鮮奶油又分為含糖及無糖,含糖鮮奶油因為已經帶有甜味,打發時要注意減少砂糖的用量。

雞蛋

將雞蛋用打蛋器或電動打蛋器打發成濃密的泡沫狀,就能作出鬆鬆軟軟的蛋糕;適度打發成乳狀的話則可以作出鬆鬆脆脆的餅乾,泡沫的質地會影響點心的味道和口感。雞蛋越新鮮,就越容易打發,而且新鮮的雞蛋沒什麼蛋腥味,也就不需要另外添加香精等調味料了。

奶油

將牛奶中的脂肪分離後凝固而成的固態油脂,營養價值很高。一般分為無鹽奶油及含鹽奶油,烘焙時為了控制鹽的份量,基本上使用無鹽奶油。從冰箱中取出後不經解凍直接使用的話可以烤出酥脆的成品;放在室溫下30分鐘以上,待其解凍變軟後再使用,做出來的口感會更柔軟,風味更加濃郁。

奶油乳酪

奶油乳酪是將奶油與牛奶混合製成的食材,特徵是柔和的味道和順滑的口感。烘焙時請避免使用已添加香草、大蒜、莓果類等食材的奶油乳酪,使用原味的就好。奶油乳酪的含水量較多,容易變質,請少量購買使用,用剩的奶油乳酪請密封後放入冷凍庫保存。

巧克力

烘焙時請使用調溫巧克力（Couverture chocolate）代替超市販售的普通巧克力，因為一般的巧克力含有植物性油脂，烘焙時會產生澀味。為了品嘗到巧克力濃郁的滋味，通常會使用調溫黑巧克力，不過因為小孩不太喜歡太濃重的味道，所以為了孩子們烘烤點心時，建議可以使用牛奶調溫巧克力。

巧克力豆

巧克力豆常被混入瑪芬或蛋糕麵糊中，或著撒在表面烘烤。巧克力豆經烘烤後口感會變軟，如果沒有巧克力豆，也可以把圓形的調溫巧克力或方形的巧克力塊敲碎後使用。

蜂蜜&果糖

蜂蜜和果糖散發出的甜味比砂糖的甜更具有層次感，加在餅乾裡可以讓餅乾的口感更有韌性，加在蛋糕裡則會讓口感更為濕潤。用寡糖代替蜂蜜或果糖也是個不錯的選擇。

香草精

將香草樹的果實—香草豆莢泡入酒精中得到的產物，一般的用法是在麵糊中加入3～4滴混合，可以去除雞蛋的腥味，加在卡士達醬等使用大量雞蛋的甜點中，可以幫助提升風味。也可以將香草豆莢剖開，刮出裡面的香草籽直接使用，或者使用香草萃取液。

蔓越莓

一般較常使用的是乾燥的蔓越莓乾。滋味酸酸甜甜，粒粒分明的口感很適合加在麵包裡增添嚼勁。一般會將蔓越莓乾泡在溫水中2～3分鐘，然後去除水分再使用，也可以把果乾泡在蘭姆酒或清酒中30分鐘以上，味道會更有層次。

tools

工具介紹

在這裡將介紹烘焙最基本的必備工具，希望讓各位不用特地購買器具也能輕鬆開始烘焙，所以我盡可能簡化了需要用到的工具。為了讓烘焙過程更輕鬆簡便，請各位務必熟記工具的種類與使用方式。

大碗

用來攪拌麵糊、麵團及製作鮮奶油等會在各種時候派上用場的基本器具。考慮到衛生問題，比起塑膠製的碗，一般還是傾向使用玻璃或不鏽鋼碗。像餅乾或蛋糕等拌好麵糊後會馬上放入烤箱的點心，就適合用好清洗的玻璃碗；若是製作麵包等需要經過較長發酵時間的點心，或者要將巧克力融化等需耐熱的過程，則建議使用耐熱的不鏽鋼碗。

打蛋器

打散雞蛋、將奶油或奶油乳酪打成細滑的乳霜狀、打發鮮奶油，還有攪拌較稀的麵糊時都會使用打蛋器。購買的時候記得挑選把手堅固且順手的產品，且接觸到食材的網狀部分建議選擇不容易生鏽的不鏽鋼材質。使用打蛋器的時候拇指及食指要朝下，像拿飯勺般握住，這樣用起來手腕才不會痠，更方便作業。

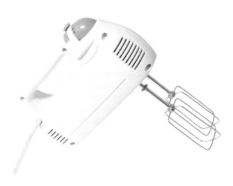

電動打蛋器

和打蛋器的功能一樣，可以調整速度，不須手動攪打也能迅速混合材料，要打發食材，或者需要花較久時間攪拌麵糊時經常使用。尤其是像製作蛋糕等需要迅速將食材打發的情況，還是使用電動打蛋器比較方便。不過使用電動打蛋器時可能會過度攪打食材，因此用的時候需適度注意攪打的狀況。

攪拌刮刀

混合食材或麵糊時使用。若是蛋糕麵糊或麵包的麵團，混合時由上往下挖取，再輕輕將刮刀抬起，使材料混合；若是餅乾或塔類的麵團，則將刮刀豎直，如劃出井字般用切的方式將食材混合。不管是哪種麵團，如果混合時太用力或攪拌太久，容易產生筋性，只要迅速拌到看不見粉類即可。

刮刀

主要用於分割麵團，攪拌麵團時也會用來將粉類食材從碗底舀到上層，切奶油時也會用到。有不鏽鋼、矽膠等各種材質，刮刀邊緣也分為圓弧或銳利的方形，請依照用途自行選用適合的外型。

電子秤

用來秤出食材的分量，以g為單位秤重，一般家庭裡常用的是最多能測量到1kg的電子秤。在秤上放紙杯或紙盤後再進行測量是很方便的作法。書中偶爾會出現「一小撮」的份量標記方式，一小撮的話大概是0.5g左右，不到1g，所以用秤很難量出來，只要用食指、拇指輕輕捏一撮起來，就是一小撮了。

湯匙

以克為單位的食材用電子秤，其餘的材料可以用每個家裡都有的湯匙代替量匙測量。食譜中不需要太精細的材料就可以使用湯匙測量，自然地盛滿一匙便是一湯匙的量了。

抹刀

用來將奶油抹平或者做出造型時使用的工具。直接接觸到食材的機會很多，所以一般都使用不鏽鋼製的抹刀，有各種不同長度與形狀可供選購。

毛刷

將奶油刷在模具上或在麵團表面刷上蛋汁時
都會用到。最好選擇不會掉毛，或者矽膠製
的烘焙刷。使用後務必清洗乾淨，去除所有
水分再晾乾。

方形模具＆圓形模具

可以把糕點烤成想要的形狀，倒入麵糊前務
必將烘焙紙剪成模具的形狀，預先鋪在模具
中。因為麵糊會一直接觸到模具，建議購買
時可以挑選有塗層的產品。

吐司模具&磅蛋糕模具

吐司或磅蛋糕等糕點因為具
有固定的形狀，建議使用吐
司型的模具。在長方形的模
具中鋪好烘焙紙，再倒入麵
糊即可。

塔類模具

烤派皮或塔類點心時需要用
到的模具。塔皮或派皮中含
有許多奶油，因此不需要額
外在模具中鋪烘焙紙，也可
以輕易地從模具中取出塔或
派。但注意麵皮要擀得薄一
點，並使其緊密地貼在模具
上，才能烤出美麗的派皮。

擀麵棍

將麵團擀成厚度均一的麵皮
時所使用的工具。雖然也
可以使用木製擀麵棍，不過
清洗和乾燥較不方便，保養
也很講究。以烘焙初學者來
說，還是比較推薦更衛生、
更好清洗的塑膠製擀麵棍。

瑪芬模具

瑪芬有許多不同的大小，因此瑪芬專用的模具也有各種款式。一般在家烘焙常用的是寬26cm，長18cm，高4.5cm左右，共有6個模型的樣式。烘焙前可以舖上依照模具大小生產的瑪芬用烘焙紙，或者塗上融化奶油後灑上少許麵粉，再倒入麵糊。

餅乾模型

可以在　得薄薄的餅乾麵皮上壓出需要的形狀。壓出形狀前先在餅乾模型上沾上些許麵粉，就可以讓餅乾的斷面更加乾淨。一般主要使用塑膠製和不鏽鋼製的模型，有各式各樣的形狀。

擠花袋&擠花嘴

需要將麵糊擠成想要的形狀，或者用鮮奶油裝飾等操作乳霜狀食材的時候會用到的工具。布製或矽膠材質的擠花袋雖然可以長久使用，但一次性的塑膠擠花袋用起來更加方便。將造型花嘴套上擠花袋，填入食材後在擠花袋尾端剪個小角就可以使用了。

網篩

將粉類食材過篩，使其空隙中充滿空氣，以及用糖粉裝飾時都會用到的工具。另外也被用來過濾卡士達醬等乳狀食材，使醬的質地更加細緻。請避免使用網篩孔隙太大的產品，使用後也務必仔細清洗乾淨。

烘焙用羊皮紙 & 防油烘焙紙

將麵糊倒入模具前先墊上烘焙紙，可避免麵糊直接接觸到模具，方便脫模。羊皮紙屬於消耗品，可依照圓形或方形模具剪裁成需要的形狀，使用後直接丟棄。可以重複使用的防油烘焙紙則可剪成烤盤的形狀，烘焙後再洗乾淨存放即可。

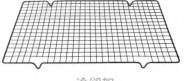

冷卻架

將剛烤好的蛋糕、麵包、餅乾等放在上面冷卻的器具。烤好的糕點如果直接放在烤盤上不管，可能被餘熱影響導致過熟、烤焦或形狀向外擴散，請務必要放在冷卻架上讓熱氣從網格間散出，才能讓糕點保持在適當溫度被烤熟，不會變得塌軟。

terms

烘焙用語説明

不熟悉烘焙用語的話，很容易無法理解食譜的意思，或搞不清楚現在在說明哪個步驟，這裡詳細整理了本書中出現的烘焙用語，在熟悉烘焙之前請好好參考一下吧。

翻麵（排出氣體）

按壓發酵的麵團，使發酵時產生的氣體排出。翻麵可以使麵團整體的溫度達到一致，促使麵團產生筋性。發酵時要作到這個步驟，才能做出口感Q彈、質地細緻的麵包。

撒手粉

手粉的意思就是「幫助不沾手」的粉，　麵的時候或替麵團塑形時會需要用到。要撒上一些食譜份量外的麵粉，才不會讓麵團黏在手上或工作台上。

滾圓

指的是將麵團用手滾成圓形的過程。如此一來可以讓麵團表面形成薄膜，使發酵過程中產生的氣體不至於全部散失。

蛋白霜 meringue

在蛋白中加入砂糖打發，使空氣進入蛋白中，打成硬挺而蓬鬆的霜狀蛋白，就是所謂的蛋白霜。

發酵

指麵團產生氣體，而後膨脹的過程。麵團需要經過發酵產生氣體與筋度，烤出來的麵包才不會太硬。

預熱

指的是烘烤麵包或餅乾前，先加熱讓烤箱內達到需要的溫度。烘焙前務必預熱，放進麵團後才能烤出均勻的顏色。

將折縫捏緊

將麵團折起或相黏的時候，交疊的部分就是折縫。用拇指和食指捏緊折縫，使麵團的接縫消失，成為一整塊光滑的麵團。

燙麵

指在麵粉中沖入熱水做成麵團的方法，可以提高粉類食材的黏性，作出彈牙的口感。

橙皮、檸檬皮 zest

zest指的是柑橘類磨碎的外皮，為了增添香氣，而把檸檬或柳橙等柑橘類的外皮磨碎後使用。用刨絲器或削皮器將外皮磨下，混入麵糊或者作為裝飾的材料。

過篩

指將粉類材料用網篩篩過，去除眼睛看不見的結塊。粉類材料篩得越細，混合材料時就會越順利，可以作出細緻的口感。

餡料 filling

指的是夾在餅乾、塔類、麵包中的內餡，除了用來稱呼豆沙等相較下較單調的餡料之外，鮮奶油之類濃稠的填充餡料也可以被稱為filling。

打發 whip

打發whip指的是快速攪動食材，使空氣進入。將雞蛋、鮮奶油，甚至是麵糊打發後口感都會變得更加柔滑。

靜置法

指將麵團、麵糊放在冰箱冷藏，或者置於室溫26～27℃下。經過靜置，才能做出有彈性的口感。

paste & filling

製作基礎麵團／麵糊&配料

根據糕點的不同，加入麵團／麵糊中的食材與混合的方式也會不一樣。現在就來試試看以往總覺得既困難又複雜的發酵麵包、海綿蛋糕，還有塔皮的作法吧。從頭開始一步步跟著步驟動手做，就會發現拌麵其實是件很簡單的事。

另外還有卡士達醬、蛋白霜、紅豆沙和奶酥的作法，請挑戰一下用它們作出更美味的點心吧！

發酵麵包的拌麵法

製作吐司、餐包、貝果等作為主食的麵包時，一定要經過讓麵團發酵的步驟。為了讓麵粉產生筋性，必須揉捏麵團10分鐘以上，讓酵母分解糖分，釋放出二氧化碳等氣體，在適當的溫度下使麵團發酵才行。

發酵時最重要的莫過於適當的溫度與濕度，溫度太低的話就要延長發酵時間，太乾的話可以在麵團上蓋上保鮮膜，放在裝有溫水的碗上面使其發酵。須注意的是，若溫度過高，可能會導致無法成功發酵，這樣的話烤出來的麵包就會過硬，沒辦法呈現出應有的風味。

份量	10x20x10cm 的吐司模具1個
材料	高筋麵粉300g、脫脂奶粉8g（可省略）、酵母粉4g、砂糖30g、 鹽3g、奶油30g、水135ml、手粉（高筋麵粉）些許

事前準備	・先從冷藏室取出奶油，置於室溫30分鐘以上。 ・準備溫水（大約35°C）。 ・高筋麵粉事先過篩。

1 將高筋麵粉放入碗中，加入脫脂奶粉、酵母粉、砂糖和鹽，用攪拌刮刀輕輕混合，然後倒入一半的溫水。

2 用手將材料拌至看不見麵粉，材料結合成團的狀態。這時加入奶油，並一點點倒入剩下的水，混合成團。

3 將麵團放到工作台上，用雙手用力揉推，在工作臺上揉麵10分鐘以上。

4 待麵團表面變得光滑之後，取一點麵團拉長，確認是否可以拉成薄膜。

5 用手掌將麵團滾圓。

6 撒上手粉，並將麵團包上保鮮膜。放在27～30°C左右的溫暖位置發酵60分鐘左右（一次發酵）。

 Chu Chu's easy tip

・一開始不要太擔心麵團很稀，持續揉捏就會發現麵團表面越來越光滑，也越來越有韌性。
・麵團發酵時可在大碗中裝入溫水，上面疊上裝有麵團的碗，再放入烤箱，讓麵團在密閉空間內進行發酵。

Genoise海綿蛋糕的作法

基礎中的基礎蛋糕！就是也叫作Sponge Cake的Genoise海綿蛋糕了。製作蛋糕麵糊
的時候要迅速地把蛋打發，並打出豐盛的泡沫，才能烤出柔軟而細緻的蛋糕體。
Genoise海綿蛋糕的作法有兩種，一種是製作麵糊時將蛋白與蛋黃分開的「分蛋
法」，另外一種就是一次將蛋白和蛋黃一起打散的「全蛋法」，本書將會介紹初
學者也能輕鬆上手的全蛋法。
把做好的Genoise蛋糕切片，再一層層抹上鮮奶油，就可以裝飾出各式各樣的蛋
糕，也可以作成起司蛋糕或者提拉米蘇。切下一塊剛烤好的Genoise蛋糕，熱騰騰
的滋味配上一杯牛奶，真是一番享受。

份量	直徑18cm 的圓形蛋糕模具1個
材料	低筋麵粉90g、玉米粉10g、砂糖95g、雞蛋3個（180g）、蛋黃1個、奶油15g、牛奶15ml、蜂蜜10g

事前準備　· 在耐熱容器中倒入牛奶，放入奶油，之後放進微波爐，每次加熱10秒，直到奶油完全融化。

· 將低筋麵粉和玉米粉一起過篩。

· 準備烤的10～20分前先將烤箱預熱至180°C

存放方式　· 將烤好的蛋糕切成2～3片，裝在密閉容器中，放進冷凍庫冷凍保存，需要的時候再拿出來用。

1 在碗中放入雞蛋和蛋黃，用打蛋器打散，之後加入砂糖和蜂蜜，均勻打散。

2 在大碗中倒入溫水，之後在上面放上1，使用電動打蛋器將蛋液打發，一直打到產生濃密泡沫，蛋液呈米白色為止。

3 加入事先已過篩的低筋麵粉和玉米粉，用攪拌刮刀迅速混合。

4 把少許3加入放有牛奶和融化奶油的耐熱容器，混合後再次倒回3，之後用攪拌瓜刀輕輕拌勻。

5 在圓形模具內鋪好烘焙紙，倒入麵糊。之後將模具底部用力在桌面敲幾下，避免麵糊中產生氣泡。

6 放入已預熱180°C的烤箱內烤20分鐘，之後將蛋糕脫模，置於冷卻架上放涼。

塔皮的作法

主要用奶油製成的塔皮，滋味淡淡的帶點鹹味。製作塔皮麵團時為了不使奶油融化，要將攪拌刮刀豎直，用切的方式混合，絕對不可以用力攪拌。盡量快速混合之後，接下來需要在冰箱冷藏裡靜置。如果覺得每次都要製作塔皮很麻煩，也可以一次先做多一點，需要的時候再拿出來使用即可。只要有了塔皮，裡面用鮮奶油和水果等裝飾後，無論何時都可以做出甜蜜的塔點；放進烤箱前作好內餡，再包起來一起烤，就變成了最適合拿來墊墊肚子，可以帶來適當飽足感的派。

份量	直徑13cm 的塔模2個
材料	低筋麵粉100g、砂糖25g、鹽一小搓（約0.5g）、奶油40g、雞蛋1/2個、手粉（低筋麵粉）少許

事前準備	・先從冷藏室取出奶油，置於室溫30分鐘以上。 ・低筋麵粉事先過篩。 ・準備烤的10～20分前先將烤箱預熱至190℃。

存放方式	・將塔皮麵團裝在密閉容器中，放進冰箱冷凍保存，需於1～2週內使用完畢。

1 在碗中放入奶油，用打蛋器將奶油打到鬆軟之後加入砂糖和鹽，繼續打成柔順的奶霜狀。

2 加入已經打散的雞蛋，均勻混合。

3 放入低筋麵粉，豎直刮刀將材料混合成濕潤的麵團，等材料結成一塊，就可以裝進塑膠袋中壓扁，放進冷藏室靜置30分鐘。

4 在工作台上撒上手粉，用麵棍　出厚度約3mm的塔皮，鋪在塔模上。麵皮要貼緊模具，用　麵棍將塔皮邊緣壓緊，就可以把超出模具的塔皮切乾淨了。

5 用拇指和食指再次壓緊塔皮，使塔皮和模具完全貼緊後，在整個底部用叉子戳出小洞。

6 放入已預熱190℃的烤箱內烤18～20分鐘，取出後直接將整個模具放在冷卻架，待完全放涼後再將塔皮脫模。

用蛋黃製作卡士達醬

來做做看口感柔滑帶點凝乳感的卡士達醬吧。加入牛奶和玉米粉作出的柔滑質地
和甜蜜的滋味是卡士達醬的最大特點，還可以有效利用烘焙時剩下的蛋黃。

製作卡士達醬的過程中需要加熱，容易讓蛋黃凝固產生結塊，所以也有人覺得對
初學者來說製作上不是那麼容易，因此在這裡介紹的是不需用到火，只要簡單地
放進微波爐就能完成的作法。只要熟悉了卡士達醬的作法，就可以加入檸檬、柳
橙、萊姆等柑橘類水果的外皮，或者混入鮮奶油、巧克力、濃縮咖啡液作出各種
不同口味的奶油醬。

材料	蛋黃2個（50g）、低筋麵粉10g、玉米粉10g、砂糖60g、奶油10g、牛奶250ml

事前準備	・把牛奶倒入密閉容器中，放進微波爐加熱約30秒左右。 ・將低筋麵粉與玉米粉一起過篩。

存放方式	・將卡士達醬裝在密閉容器中，放進冰箱冷藏保存，需於3日內使用完畢。

1 在碗中放入雞蛋和蛋黃，用打蛋器打到砂糖完全融化為止，均勻打散。

2 將熱好的牛奶一點一點倒入碗裡，一邊攪拌，接著加入篩過的低筋麵粉和玉米粉，均勻混合。

3 將碗放進微波爐中加熱3～4分鐘。中途要時不時拿出來檢查，避免燒焦。一直加熱到奶醬變得濃稠，表面呈現光滑貌為止。

4 加入奶油，均勻攪拌至奶油全部溶化。

5 將做好的卡士達醬蓋上塑膠袋或保鮮膜，放進冰箱冷藏冷卻。

用蛋白製作蛋白霜

在蛋白裡分次加入砂糖，再用打蛋器或電動打蛋器徹底打發後，就可以作出蓬鬆柔軟的蛋白霜。可以直接把蛋白霜烤成蛋白霜餅乾，或者做成馬卡龍、達克瓦茲等口感輕脆的小點心。製作戚風蛋糕或長崎蛋糕等口感較軟的點心時，也會在麵糊中加入蛋白霜。

本書中使用的是用冷藏蛋白製作的法式蛋白霜，如果蛋白沒有和蛋黃分乾淨，蛋黃中的卵磷脂會使蛋液不容易打發，分蛋白時務必注意不要混入蛋黃。

材料	砂糖45g、蛋白4個

．．．

事前準備	·將雞蛋的蛋白和蛋黃分開。

1 在碗裡放入蛋白，用打蛋器或電動打蛋器先打到起泡的狀態。

2 分2～3次加入砂糖，並持續打發到產生豐富而濃密的泡沫為止。

3 舉起打蛋器時蛋白霜的尾端會呈現彎曲狀，完成質感硬挺的蛋白霜。

 Chu Chu's easy tip ．．．．．．．．．．．．．．．．．．．．．．．

·蛋白霜一旦與空氣接觸後就會漸漸出水，因此做好以後就要馬上用，剩下的就只能丟掉，或者可以烤成蛋白霜餅乾享用。

紅豆沙的作法

來挑戰一下沒有任何人工添加物,充滿誠意的自製紅豆沙吧!

不像市售的紅豆沙那麼甜,口味很健康,除此之外做法也比想像中更簡單。剛做好的時候質感比較稀,冷卻後豆沙就會凝成一團了。完全放冷後,就可以用來作紅豆麵包或日式饅頭了。一次作多一點冰在冷凍庫,可以保存很久,方便隨時拿出來使用。

材料	紅豆450g、砂糖350g、鹽1.5g

事前準備	・加入可以淹過紅豆的水，將紅豆浸泡約半天左右。

存放方式	・將做好的紅豆沙裝在密閉容器中，放進冷凍庫冷凍保存，需要的時候再拿出來用。

1. 將泡好的紅豆放入鍋中，倒入淹過紅豆的水，煮滾。

2. 待水煮滾後用網篩將紅豆撈出，剩下的水全部倒掉。

3. 把煮過的紅豆再次放回鍋中，倒入可以淹過紅豆的水。蓋上鍋蓋，用大火熬煮30分鐘，煮到紅豆可以用湯匙輕鬆壓碎的程度。

4. 在熬煮的紅豆中加入足量的水，並加入砂糖和鹽，繼續用大火煮到沸騰。

5. 關火，用食物調理棒將紅豆打碎至想要的程度。

6. 用中火將豆沙中的水分熬乾，煮到呈現濃稠狀即可。

 Chu Chu's easy tip

・步驟3熬煮紅豆時注意不要讓水煮到收乾，要一邊煮一邊加水，讓水量維持在淹過紅豆的程度。

酥菠蘿的作法

這次來作作看麵包和餅乾表面那鬆鬆脆脆的酥菠蘿吧！

酥菠蘿裡加了花生醬，因此滋味特別香濃，鋪在麵包上就成了菠蘿麵包，除此之外也很適合加在紅豆麵包、吐司、餅乾、瑪芬、蛋糕和塔皮上，作成各式各樣的點心。無論是什麼點心，加上菠蘿之後就能品嘗到鬆脆的菠蘿在嘴裡甜甜地融化，讓甜點的滋味更有層次。

份量 材料	中筋麵粉250g、脫脂奶粉6g（可省略）、泡打粉5g、砂糖150g、 奶油125g、花生醬35g、雞蛋25g（1/2個）、果糖（或寡糖）25ml

---

事前準備　・先從冰箱取出奶油，置於室溫30分鐘以上。

　　　　　　・中筋麵粉、脫脂奶粉和泡打粉皆一起事先過篩。

存放方式　・將做好的菠蘿裝在密閉容器中，放進冷凍保存，需要的時候
　　　　　　　再拿出來用。

　　　　　　・如果菠蘿受潮變軟，可以放進烤箱或微波爐稍微加熱，去除
　　　　　　　水分。

1 將變軟的奶油放進碗中，加
入花生醬，用打蛋器打散。

2 加入砂糖和果糖，輕輕攪
拌，避免砂糖結成一塊。

3 打入雞蛋，繼續攪打大約1
分鐘。

4 將過篩的中筋麵粉、脫脂奶
粉和泡打粉放入碗中，用攪
拌刮刀輕輕拌勻。

5 將刮刀豎直，用畫井字的方
式繼續攪拌材料，直到食材
結成小塊，且看不見任何粉
類為止，完成。

My First Cookie & Sweet Pastry

甜甜的餅乾最適合配上一杯熱茶，從餅乾開始
挑戰吧。咬下一口剛烤好的餅乾，整個人馬上
就幸福起來了呢。跟做蛋糕相較之下，餅乾雖
然比較簡單，但要更確實地照著食譜來作，才
能成功烤出美味的餅乾。現在就跟著我耐心地
一步步朝餅乾邁進吧！

PART 1

第一次動手作餅乾

雞蛋餅乾

這是一種每個人小時候都吃過的雞蛋小點心。一口放進嘴裡,就會甜絲絲地慢慢融化,現在的你一定回想起那個味道了吧。不放任何添加物,只用簡單的材料就能完成,趕快來試作一下這回憶中的餅乾吧!

直徑3cm
40個

180℃

12～14分

密閉容器
室溫7天

材料

雞蛋 1個
蛋黃 1個
低筋麵粉 80g
杏仁粉 10g
玉米粉 5g

砂糖 65g
鹽 1g
奶油 70g
香草精 4～5滴

事前準備

・先從冷藏室取出奶油,置於室溫30分鐘以上。
・將低筋麵粉、杏仁粉和玉米粉一起事先過篩。
・烤盤上鋪上烘焙紙。
・準備烤的10～20分前先將烤箱預熱至180°C。

1 在碗中放入奶油，用打蛋器將奶油攪打到鬆軟。

2 加入砂糖和鹽，繼續用打蛋器迅速攪打至砂糖融化。

3 加入一個蛋和一個蛋黃，打散。

4 放入香草精，均勻混合。

5 　加入篩過的低筋麵粉、杏仁粉和玉米澱粉，用攪拌刮刀拌勻，麵糊完成。

6 　將圓形擠花嘴套上擠花袋，並裝入麵糊。

7 　在舖有烘焙紙的烤盤上將麵糊擠成直徑約2cm大小的圓形，記得麵糊之間要留一點間隔。

8 　放入已預熱至180℃的烤箱內烤12～14分鐘，取出後將烤盤放在冷卻架上冷卻。

Chu Chu's easy tip

·因為餅乾烘烤的時候會向外膨脹，如果麵糊間的間距留得太少，烤的時候可能會黏在一起，所以擠麵糊時務必留下約2cm的間隔。

·沒有玉米粉的話請增加低筋麵粉或杏仁粉的比例。

全麥餅乾

越嚼越香的全麥餅乾，使用全麥麵粉讓口感更加酥脆了。直接單吃餅乾就很美味，沾上一點巧克力就更香甜了。

| 直徑6cm | 180℃ | 15分 | 密閉容器 |
| 12個 | | | 室溫7天 |

材料

全麥麵粉 130g
中筋麵粉 50g
泡打粉 2g
砂糖 80g
鹽 1.5g

奶油 80g
雞蛋 1個
調溫黑巧克力 100g
香草精 4～5滴
手粉（中筋麵粉） 少許

事前準備

・奶油量好需要的用量後放進冰箱冷藏。
・將全麥麵粉、中筋麵粉和泡打粉一起事先過篩。
・烤盤上鋪上烘焙紙。
・準備烤的10～20分前先將烤箱預熱至180℃。

1 在碗中放入奶油，用打蛋器將奶油打到鬆軟，再加入砂糖和鹽，均勻混合。

2 加入雞蛋，用打蛋器打到奶油糊呈現米白色為止。

3 加入香草精，用攪拌刮刀均勻混合。

4 加入篩過的全麥麵粉、中筋麵粉和泡打粉，均勻混合成麵團。之後將麵團裝進塑膠袋裡壓扁，放進冷藏室中靜置30分鐘。

5 在工作台上撒上手粉，用擀麵棍將靜置過的麵團擀成3mm厚，再用沾過麵粉的餅乾模型壓出形狀。

6 將餅乾放在舖有烘焙紙的烤盤上，留出間距。並用筷子在每個餅乾麵皮上戳5～7個小孔。

5 放入已預熱180℃的烤箱內烤15分鐘，烤好後將烤盤放在冷卻架上冷卻。

6 在大碗內裝入熱水，上面放上裝有調溫黑巧克力的碗，用刮刀攪拌直到巧克力完全融化。

7 用放涼的全麥餅乾去沾融化的黑巧克力，沾上一半後便拿出來。

8 放在冷卻網上等待巧克力凝固。

百分百巧克力餅乾

這是一款越放越有味道的餅乾。特別為初學者開發了簡單的食譜，
只要將材料混在一起就能輕鬆作出口感豐富的餅乾。

直徑10cm　　　　200℃　　　　12～15分　　　密閉容器
18個　　　　　　　　　　　　　　　　　　　　室溫7天

材料　　調溫黑巧克力 100g　　　　砂糖 70g
　　　　低筋麵粉 250g　　　　　　鹽 1.5g
　　　　泡打粉 2g　　　　　　　　雞蛋 1個
　　　　小蘇打粉 2g　　　　　　　奶油 120g
　　　　黑糖 80g　　　　　　　　　葵花籽、杏仁片 各2大匙

事前準備　　·將調溫黑巧克力大略切碎。
　　　　　　·在耐熱容器中放入奶油，放進微波爐後加熱10秒，持續間
　　　　　　　隔加熱直到奶油完全融化。
　　　　　　·將低筋麵粉、泡打粉和小蘇打粉一起過篩。
　　　　　　·將烘焙紙鋪在烤盤上。
　　　　　　·開始烤的前10～20分鐘先將烤箱預熱至200℃。

百分百巧克力餅乾作法

1 將融化的奶油倒入碗中，加入黑糖、砂糖和鹽，再使用打蛋器輕輕打散，避免黑糖結塊。

2 加入雞蛋，繼續用打蛋器攪打1分鐘。

3 放入事先過篩的低筋麵粉、泡打粉和小蘇打粉，用刮刀均勻攪拌。

4 加入調溫黑巧克力、葵花籽和杏仁片，均勻混合。

5 均勻攪拌到看不見粉末，且麵團的質感變得像焦糖般帶有黏性為止，麵團完成。

6 用湯匙或冰淇淋勺將麵團挖成圓球狀，預留間隔排在鋪好烘焙紙的烤盤上。

7 放入已預熱200℃的烤箱內烤12～15分鐘，烤到一半（約6～7分）時先取出烤盤，用壓餅器或飯勺將餅乾稍微壓扁後再繼續烘焙。

8 烤好後將餅乾放在冷卻架上待涼。

Chu Chu's easy tip

· 將烤的時間拉長，口感會更酥脆。

奶油乳酪餅乾

只要將餅乾麵糊擠成想要的模樣，經過烘烤就能完成的一款簡單的餅乾。吃的時候配上一杯熱咖啡或牛奶吧，就可以感受到奶油乳酪的香濃滋味在口中徐徐融化。

| 直徑4x7cm | 180℃ | 15〜17分 | 密閉容器 |
| 18個 | | | 室溫7天 |

材料

奶油乳酪 100g
低筋麵粉 145g
黃砂糖 90g
鹽 1g

奶油 90g
雞蛋 1個
香草精 4〜5滴

事前準備

・先從冰箱取出奶油乳酪和奶油，置於室溫30分鐘以上。
・低筋麵粉事先過篩。
・在烤盤上鋪上烘焙紙。
・準備烤的10〜20分前先將烤箱預熱至180℃。

奶油乳酪餅乾作法

1 在碗中放入奶油乳酪和奶油，用電動打蛋器打到質地變得鬆軟為止。

2 加入黃砂糖和鹽，之後繼續攪打成如霜淇淋般柔滑的質地。

3 放入雞蛋，用電動打蛋器混合均勻。

4 加入香草精，均勻混合。

5　加入過篩的麵粉，用攪拌刮刀輕輕混勻，餅乾麵糊完成。

6　將花形花嘴套上擠花袋，裝入麵糊。在舖有烘焙紙的烤盤上擠上S形的麵糊，餅乾間需預留間隙。

7　放入已經預熱至180℃的烤箱內烤15～17分鐘。

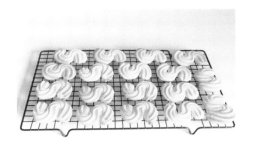

8　將餅乾放在冷卻架上待涼。

Chu Chu's easy tip

· 將雞蛋加進麵糊時也可以嘗試把蛋白和蛋黃分開加入，能使麵糊變得更加柔滑。
· 將餅乾麵糊擠在烤盤上時不要太用力，否則麵糊會太厚，不容易烤熟且容易變形。
· 為了烤出金黃的色澤才用了黃砂糖，如果沒有黃糖，也可以用白砂糖代替。

小雞饅頭

填滿紅豆餡的日式饅頭是大人小孩都愛吃的點心，來試著挑戰一下
小雞饅頭吧。精心做出來的成品作為送人的禮物也毫不遜色。惹人
憐愛的小雞造型絕對會迷倒眾人的。

| 直徑6cm
9個 | 170℃ | 20分 | 密閉容器
室溫5天 |

材料

低筋麵粉 150g
泡打粉 3g
砂糖 90g
鹽 1.5g
奶油 8g
雞蛋 68g（約1又1/3個）

紅豆沙 360g
果糖 9ml
煉乳 9ml
手粉（低筋麵粉） 少許
巧克力筆

事前準備

· 將紅豆沙分成9份，每份40g，並搓成圓球狀。
· 事先將低筋麵粉和泡打粉一起過篩。
· 在方形烤盤上鋪上烘焙紙。
· 準備烤的10～20分前先將烤箱預熱至170℃。

1 在碗中打入雞蛋，加入砂糖、鹽、奶油、果糖和煉乳，輕輕攪拌混合。

2 在大碗內裝入熱水，上面放上1的碗，用打蛋器攪打到砂糖完全融化為止，之後取下1的碗，放涼。

3 加入篩過的低筋麵粉和泡打粉，用攪拌刮刀拌勻，麵團完成。

4 將碗蓋上保鮮膜，放到冰箱冷藏30分鐘。

5 將手粉撒在工作台上，放上靜置過的麵團，一邊搓揉一邊撒上手粉，直到麵團變得不黏手為止。

6 用刮刀將麵團分成20g的小塊後搓圓，再用擀麵棍擀成厚度2mm的圓形餅皮。

7 將搓好的紅豆沙餡放在餅皮上,用包餡匙
或湯匙壓緊內餡,一邊將麵皮往內收緊,
最後用拇指和食指將折縫捏緊。

8 沾上手粉,用拇指和食指壓緊脖子的部
分,捏出小雞的頭形,另一邊則做出尖尖
的嘴巴。

9 將包好的饅頭放在鋪有烘焙紙的方型烤盤
上,放入已經預熱至170℃的烤箱內烤20
分鐘。

10 將饅頭放在冷卻架上冷卻,再用巧克力
筆畫上眼睛,最後用火烤過的鐵筷在小
雞身上壓出痕跡,表現出翅膀的感覺。

Chu Chu's easy tip

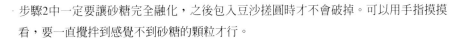

· 步驟2中一定要讓砂糖完全融化,之後包入豆沙搓圓時才不會破掉。可以用手指摸摸
　看,要一直攪拌到感覺不到砂糖的顆粒才行。
· 加入砂糖的麵團經冷藏後會產生韌性,讓延展性變好。

蜂蜜瑪德蓮

來烤烤看加入滿滿蜂蜜，口感濕潤的瑪德蓮吧。就算你曾經覺得烘焙很困難，也會為這道食譜的簡單大吃一驚的。瑪德蓮有著精緻小巧的外表，在下午茶時刻端出來，絕對是驚艷全場的可愛點心。

4x5cm的瑪德蓮
模具10個

180℃

12～15分

密閉容器
室溫7天

材料

蜂蜜 40g
低筋麵粉 110g
杏仁粉 20g
泡打粉 2g

砂糖 90g
奶油 90g
雞蛋 3個
手粉（低筋麵粉）少許

事前準備

・在耐熱容器中放入奶油，放進微波爐後加熱10秒，持續間隔加熱直到奶油完全融化。
・將低筋麵粉、杏仁粉、泡打粉過篩。
・開始烤瑪德蓮的前10～20分鐘先將烤箱預熱至180℃。

1 將雞蛋打入碗中,用打蛋器打散。

2 加入蜂蜜及砂糖,並用打蛋器攪至砂糖融化為止。

3 放入已過篩的低筋麵粉、杏仁粉及泡打粉,均勻攪拌至沒有結塊。

4 混入融化的奶油,麵糊便完成了。裝奶油的容器先不要洗,擺在一旁備用。

5 用刷子沾取留在容器中的奶油，塗在瑪德
蓮模具上。接著均勻撒上低筋麵粉，把多
餘的麵粉抖落。

6 將麵糊倒入瑪德蓮模具，約7～8分滿。

7 放入預熱180℃的烤箱，烤12～15分鐘。

8 脫模後放在冷卻網架上冷卻。

Chu Chu's easy tip

在雞蛋裡加入蜂蜜、砂糖和鹽攪拌時不可以太用力，以免產生氣泡。若用力打到起泡
的話，烤出來的瑪德蓮會產生許多孔洞。

摩卡達克瓦茲

散發出淡淡咖啡香氣的摩卡達克瓦茲餅乾。表面酥脆，裡頭的口感則像棉花糖般柔軟而濕潤。配上一杯喜歡的茶，享受悠閒的午茶時光吧。

4x6cm的達克瓦茲
模具12個

180℃

12～15分

密閉容器
室溫下7天

材料	低筋麵粉 20g	蛋白 162g （5個蛋）
	杏仁粉 100g	裝飾用糖粉 少許
	糖粉 82g	
	砂糖 40g	

摩卡醬	奶油 40g
	鮮奶油 80ml
	摩卡咖啡液 10g （或即溶咖啡2包＋熱水3匙）

事前準備　・將奶油從冰箱中取出，置於室溫30分鐘以上。
　　　　　・將低筋麵粉、杏仁粉和糖粉一起過篩。
　　　　　・在烤盤中鋪上烘焙紙。
　　　　　・開始烤餅乾的前10～20分鐘先將烤箱預熱至180℃。

＊ 達克瓦茲(Dacquoise)源自法國的甜點，使用大量蛋白、杏仁粉及糖粉製成的蛋白餅乾。

1 將蛋白打入碗中,使用電動打蛋器攪打至起泡。

2 分2~3次加入砂糖,過程中要一邊用電動打蛋器高速將蛋白打發。舉起打蛋器時蛋白霜的尖端需呈現微彎狀,打出結構緊密的蛋白霜。

3 放入已過篩的低筋麵粉、杏仁粉及糖粉,用攪拌刮刀迅速攪拌,攪拌至看不見粉類即完成麵糊。

4 在鋪好烘焙紙的烤盤上放上達克瓦茲模具。擠花袋套上圓形花嘴,裝入麵糊後將麵糊擠滿整個模具。

5 用金屬刮刀將麵糊表面抹平。

6 將模具輕輕拿起,並將裝飾用的糖粉篩在麵糊上。

7　放入預熱180℃的烤箱，烤12〜15分鐘，
　取出後放在冷卻架上冷卻。

8　**製作摩卡醬** 將奶油放入碗中，用電動打
　蛋器均勻打散，倒入鮮奶油並繼續攪拌，
　直到奶醬變得像霜淇淋一樣光滑細膩。

9　倒入摩卡咖啡液均勻攪拌，摩卡醬完成。

10　將擠花袋套上花形花嘴，裝入摩卡醬，
　再把摩卡醬擠在冷卻後的達克瓦茲餅乾
　上。蓋上另一片餅乾後就完成了。

Chu Chu's easy tip

· 步驟3如果攪拌太久，達克瓦茲就會變硬，沒辦法呈現出棉花糖般的口感。
· 把做好的達克瓦茲裝入塑膠袋中密封，在室溫下或冰箱冷藏室裡靜置一天後會更好吃。

草莓泡芙

用草莓做出了滋味酸甜而柔滑的草莓泡芙，加入鮮奶油取代卡士達醬，吃起來的味道會比市面上賣的更清爽美味。

| 直徑7cm 22個 | 190℃ | 25分 | 密閉容器 冷藏1天 |

材料　　草莓 10個　　　　　　　　雞蛋 260g（5個）
　　　　中筋麵粉 130g　　　　　　鮮奶油 150ml
　　　　鹽 1g　　　　　　　　　　水 165ml
　　　　奶油 130g

事前準備　・將草莓洗乾淨，去除水分後切成5mm薄片。
　　　　　・將中筋麵粉事先過篩。
　　　　　・在烤盤中鋪上烘焙紙。
　　　　　・開始烤餅乾的前10～20分鐘先將烤箱預熱至190℃。

1 在深煎鍋或鍋子裡倒水，加入奶油和鹽，用大火加熱到奶油融化，並一邊用打蛋器攪拌一邊煮到沸騰。

2 加入篩過的中筋麵粉，關火，用攪拌刮刀攪拌1分鐘，直到看不見麵粉為止，燙麵完成。

3 將燙麵移到碗中，一個個打入雞蛋，並同時用打蛋器迅速攪拌。

4 攪拌到麵糊呈現柔滑而有光澤，舉起打蛋器時會緩緩落下的濃度時就完成了。

5 將圓形擠花嘴套在擠花袋上，裝入麵糊。在鋪有烘焙紙的烤盤上擠出一個個直徑4cm的圓形，記得留下足夠間隔。

6 在噴霧瓶中裝水，將每個麵糊表面充分地噴濕。

在擠花袋上套上圓形花嘴

7 放入預熱190℃的烤箱，烤25分鐘，取出後放在冷卻架上。等到完全放涼之後在泡芙側面2/3的位置用刀切開。

8 在大碗內倒入鮮奶油，打發到接近霜淇淋的柔滑濃度後，將鮮奶油裝進擠花袋。然後把鮮奶油擠進泡芙中，夾入切片草莓作為裝飾。

Chu Chu's easy tip

· 步驟3需快速攪拌，避免雞蛋被燙熟，若麵糊太熟，烤的時候泡芙就沒辦法徹底膨脹。
· 將麵糊擠在烤盤上時如果間隔太近，烤的時候泡芙會向外膨脹，很可能黏在一起，所以記得麵糊的間隔大概要預留2cm左右。

黃豆糕馬卡龍

由酥脆的外皮和Q彈的內餡組合而成的夢幻般的馬卡龍。在口中細細
化開的口感讓人心醉，而香醇的滋味又讓人再度傾倒，現在就把這
道迷人的黃豆糕馬卡龍介紹給各位。

直徑4cm
24個

160℃→150℃

14分

密閉容器
冷藏3天

材料	杏仁粉 76g	泡打粉 103g
	砂糖 35g	蛋白 64g（2個）

英式黃豆 蛋奶醬	黃豆粉3大匙、砂糖40g、奶油150g、蛋黃2個、 牛奶60ml

事前準備　　·將奶油從冰箱中取出，置於室溫30分鐘以上。
　　　　　　·將雞蛋的蛋白和蛋黃分開。
　　　　　　·杏仁粉和糖粉一起事先過篩。
　　　　　　·在烤盤中鋪上烘焙紙。
　　　　　　·開始烤餅乾的前10～20分鐘先將烤箱預熱至160℃。

黃豆糕馬卡龍作法

1 將蛋白放入碗中,使用電動打蛋器攪打到起泡。

2 分2~3次加入砂糖,並繼續將蛋白打發,要打到舉起打蛋器時,蛋白的尖端會呈現微彎的程度,完成紮實的蛋白霜。

3 加入篩過的杏仁粉和糖粉,用攪拌刮刀迅速拌勻。持續攪拌到將刮刀舉起時麵糊會緩緩落下的濃度,麵糊完成。

4 將圓形擠花嘴裝到擠花袋上,裝入麵糊。

5 在鋪有烘焙紙的烤盤上擠出直徑4cm的圓形,記得留下足夠間隔。

6 放在陰涼處約30分鐘待乾,等到用手輕碰表面時不會沾上麵糊即可。

74 PART 1

攪拌時要一邊
確認一邊拌

7　放入預熱160℃的烤箱，第一次先烤8分鐘，然後將溫度降低為150℃，繼續烤6分鐘。之後取出放涼，等到完全冷卻後將馬卡龍從烘焙紙上取下

8　**英式黃豆蛋奶醬作法**　在大碗內加入蛋黃、砂糖和牛奶，用打蛋器混合均勻後放進微波爐加熱3～4分鐘，之後放入奶油，持續攪拌到奶油完全融化為止。

9　等到奶醬逐漸變得濃稠之後，加入黃豆粉均勻混合，英式黃豆蛋奶醬完成。

10　將圓形擠花嘴裝到擠花袋上，裝入蛋奶醬。將蛋奶醬擠在已經放涼的馬卡龍內側，蓋上另一片馬卡龍。

Chu Chu's easy tip

‧若想讓馬卡龍表面更加光滑細緻，可在將杏仁粉過篩前先用食物調理機再磨細一次。
‧要把比較稀的液體裝入擠花袋時，使用杯子會更方便。先把擠花袋放進杯子裡，把寬的部分折到杯子外，再倒入液體即可。
‧將麵糊擠到烤盤上後，可以灑上一點黃豆粉再放乾，就能做出香氣更濃郁的馬卡龍。

My First Muffin & Cake

來作作看口感濕潤的瑪芬和蛋糕吧！本章的內容是讓烘焙新手們能輕鬆挑戰，高手們則能嘗試不同變化的瑪芬和蛋糕食譜。根據每天的心情變化，使用不同的食材做出各式各樣的蛋糕與瑪芬吧。有了瑪芬和蛋糕，平凡的餐桌也能在特別的日子來個大變身。

PART 2

第一次動手作
瑪芬&蛋糕

香濃巧克力瑪芬

使用濃郁黑巧克力，並加入滿滿巧克力豆的瑪芬。覺得精神不佳，特別疲憊的日子，就來吃一個口感濕潤而甜蜜的巧克力瑪芬吧，保證會讓人馬上充滿元氣的。

直徑7cm的瑪芬模型 5個	180℃	25分	密閉容器 室溫7天

材料

黑巧克力 100g
巧克力豆 50g
低筋麵粉 110g
可可粉 10g
泡打粉 2g
小蘇打粉 1g

砂糖 45g
鹽 1g
雞蛋 2個
鮮奶油（或發泡鮮奶油）100ml
葡萄籽油 50ml

事前準備
・在耐熱容器中倒入鮮奶油，放入微波爐加熱30秒。
・將低筋麵粉、可可粉、泡打粉和小蘇打粉一起事先過篩。
・在模型中放上瑪芬紙模。
・開始烘烤的前10～20分鐘先將烤箱預熱至180℃。

1 　將黑巧克力放入碗裡，倒入加熱過的鮮奶
油。用打蛋器均勻攪拌直到黑巧克力完全
融化。

2 　加入葡萄籽油、砂糖和鹽，攪拌至砂糖完
全融化。

3 　加入雞蛋，用打蛋器攪打約1分鐘。

4 　放入篩過的低筋麵粉、可可粉、泡打粉、
小蘇打粉和巧克力豆。

5 使用攪拌刮刀均勻攪拌，直到麵糊呈現黏
稠狀。

6 將麵糊裝入擠花袋，擠入放有紙模的瑪芬
模型中，約擠到7～8分滿即可。

7 放入預熱180℃的烤箱烘烤25分鐘。

8 從模具中取出瑪芬，置於冷卻架上放涼。

Chu Chu's easy tip

· 可以用芥花油、葵花油、椰子油等油品代替葡萄籽油，增加瑪芬的風味。
· 試著加入自己喜歡的堅果類，作出營養滿點的瑪芬吧。

南瓜瑪芬

讓香甜的南瓜變身成鬆鬆軟軟的瑪芬吧。將南瓜搗碎後加入，可以讓瑪芬的口感變得柔軟。用椰子油取代奶油，讓步驟更加簡單，而且還加入了堅果，完成具有份量感且營養十足的瑪芬。

直徑7cm的瑪芬模型
5個

180℃

20分

密閉容器
室溫7天

材料

南瓜 70g
南瓜粉 8g
低筋麵粉 105g
泡打粉 4g
砂糖 90g

鹽 1g
雞蛋 2個
椰子油 80ml
杏仁片 少許

事前準備
・將南瓜粉、低筋麵粉和泡打粉一起事先過篩。
・在模型中放上瑪芬紙模。
・開始烘烤的前10～20分鐘先將烤箱預熱至180℃。

1 將南瓜切成約5cm的方塊，放入耐熱容器中微波約5分鐘，將南瓜稍微蒸熟。

2 在碗中放入椰子油、砂糖和鹽，用打蛋器輕輕攪拌。

3 放入雞蛋，繼續攪打約1分鐘。

4 加入已過篩的南瓜粉、低筋麵粉和泡打粉，用攪拌刮刀拌勻。

5　加入1的南瓜，並均勻攪拌，瑪芬麵糊即
　　完成。

6　將麵糊裝入擠花袋，擠入放有紙模的瑪芬
　　模型中，約擠到7～8分滿即可。之後將杏
　　仁片灑在麵糊上。

7　放入預熱180℃的烤箱烘烤20分鐘，再將
　　瑪芬從模具中取出，置於冷卻架上放涼。

Chu Chu's easy tip

也可以用葡萄籽油或芥花油等油品代替椰子油。

奶油乳酪布朗尼

在這邊要跟各位介紹一道可以同時享用到奶油乳酪和布朗尼的豪華甜點，比焦糖更濃郁綿密的布朗尼，搭配在口中緩緩融化的奶油乳酪，讓人幸福不已的滋味。

 直徑20x20cm方形模具 1個

 170℃

 30分

 密閉容器 室溫7天

材料	調溫黑巧克力 150g	砂糖 100g
	中筋麵粉 100g	奶油 50g
	泡打粉 4.5g	雞蛋 2個

摩卡醬	奶油乳酪 150g、低筋麵粉 40g、砂糖 30g、雞蛋 1個
	鮮奶油 30ml

事前準備
- 將先從冷藏室取出奶油和奶油乳酪，靜置於室溫至少30分鐘以上。
- 將中筋麵粉和泡打粉一起過篩，低筋麵粉也另外過篩。
- 在方形模具中鋪上烘焙紙。
- 開始烘烤的前10～20分鐘先將烤箱預熱至170℃。

奶油乳酪布朗尼作法

1 在大碗裡倒入熱水，上面放上裝有奶油和調溫黑巧克力的碗，用攪拌刮刀攪拌使其融化。

2 在另一個碗裡加入雞蛋和砂糖，用打蛋器均勻攪拌至砂糖完全融化。

3 在1中倒入融化的巧克力，均勻混合。

4 加入已過篩的中筋麵粉和泡打粉，攪拌至沒有結塊，布朗尼麵糊完成。

5 **製作奶油乳酪層** 將奶油乳酪放入另一個碗中，用電動打蛋器攪打至乳酪變鬆軟之後，加入砂糖，繼續攪打直到砂糖融化。

6 在奶油乳酪的碗中打入雞蛋，用電動打蛋器均勻攪打約1分鐘。

7　倒入鮮奶油，將混合液稍微打發。

8　加入篩過的低筋麵粉，用攪拌刮刀攪拌均匀，奶油乳酪麵糊完成。

9　在鋪有烘焙紙的方型模具中倒入4的布朗尼麵糊。

10　再將8的奶油乳酪麵糊倒在布朗尼上，並用刮刀將麵糊表面抹平。

11　放入預熱170℃的烤箱烘烤30分鐘。之後連同模具放入冷凍庫冷卻，再將布朗尼與模具分開，剝除烘焙紙。

長崎蛋糕

這款長崎蛋糕使用了高筋麵粉，比一般用低筋麵粉作成的蛋糕口感更黏更紮實，用綿密的長崎蛋糕配上一杯牛奶，好好享受一下蛋糕的美味吧。

直徑10x24x10cm的
長崎蛋糕模具1個

180℃→170℃

35～40分

密閉容器
室溫3天

材料	高筋麵粉 100g	蜂蜜 20g
	砂糖 45g	葡萄籽油 20ml
	奶油 少許	清酒 10ml
	蛋黃 4個	香草精 4～5滴（可省略）
	牛奶 20ml	

摩卡醬　砂糖45g、蛋白4個

事前準備　・在耐熱容器中放入奶油，放進微波爐後加熱10秒，持續間
　　　　　　隔加熱直到奶油完全融化。
　　　　　・將蛋白及蛋黃分開。
　　　　　・將高筋麵粉過篩。
　　　　　・在長崎蛋糕模具中鋪上烘焙紙。
　　　　　・開始烘烤的前10～20分鐘先將烤箱預熱至180°C。

1 在碗中放入蛋黃，用打蛋器打散。

2 加入砂糖、牛奶、蜂蜜、葡萄籽油和清酒，用電動打蛋器打發至產生綿密紮實的泡沫。

3 加入香草精，用電動打蛋器繼續打發至蛋液表面的氣泡消失為止。

4 **製作蛋白霜** 將蛋白放入另一個碗中，用電動打蛋器打發至產生泡沫。

5 分2～3次加入砂糖，一邊高速攪打。打發至舉起打蛋器時，蛋白霜尾端會呈現彎曲狀，完成質感硬挺的蛋白霜。

6 在3中先加入一半的蛋白霜，用攪拌刮刀拌勻後，再放入剩下的蛋白霜均勻混合。

7 加入篩過的高筋麵粉，用攪拌刮刀拌勻，
麵糊完成。

8 將烘焙紙鋪在烤盤上，放上長崎蛋糕模
具，將麵糊倒入鋪好烘焙紙的模具中。

9 放入已經預熱至180℃的烤箱烤10分鐘
後，再將溫度調低為170℃，繼續烘烤25
～30分鐘。

10 將蛋糕脫模，剝除烘焙紙，放在冷卻架
上待涼。等蛋糕完全冷卻之後在頂層塗
上融化的奶油。

Chu Chu's easy tip

· 可以用芥花油、葵花油、食用油等沒有特殊香氣的油品來取代葡萄籽油。
· 沒有蜂蜜的話可以加入寡糖，也可以用味醂取代清酒。

綠茶戚風蛋糕

加入帶有苦味的綠茶粉，作成口感濕潤又有彈性的戚風蛋糕。因為蛋糕體像棉花糖般蓬鬆而柔軟，為了避免蛋糕塌陷，烤的時候請務必使用戚風蛋糕專用的模具。

直徑18cm戚風蛋糕 模具1個	180℃	16～18分	密閉容器 冷藏2～3天

材料　　綠茶粉 10g　　　　　蛋黃 3個
　　　　低筋麵粉 90g　　　　牛奶 40ml
　　　　泡打粉 2g　　　　　葡萄籽油 40ml
　　　　砂糖 65g

摩卡醬　砂糖65g、蛋白3個

事前準備　・將蛋白及蛋黃分開。
　　　　　・將綠茶粉、低筋麵粉和泡打粉一起事先過篩。
　　　　　・開始烘烤的前10～20分鐘先將烤箱預熱至180°C。

1 在大碗中放入蛋黃和砂糖，用打蛋器打到
產生細緻的氣泡為止。

2 倒入牛奶和葡萄籽油之後，使用打蛋器均
勻攪拌。

3 加入篩過的綠茶粉、低筋麵粉和泡打粉，
用打蛋器攪拌至沒有結塊。

4 **製作蛋白霜** 將蛋白放入另一個碗中，用
電動打蛋器打發至產生泡沫。

5 分2～3次加入砂糖，一邊高速攪打。打發
至舉起打蛋器時，蛋白霜尾端會呈現彎曲
狀，完成質感硬挺的蛋白霜。

6 在3中先加入一半的蛋白霜，用攪拌刮刀
攪拌。

7 放入剩下的蛋白霜均勻混合，麵糊完成。

8 在噴霧瓶中裝水，將戚風蛋糕模內充分噴濕後倒入麵糊。

9 放入預熱180℃的烤箱烤16～18分鐘。

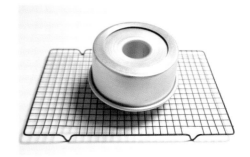

10 將模具倒扣在冷卻架上，待蛋糕完全放涼後，用脫模刀沿著模型邊緣輕刮，小心地將戚風蛋糕脫模。

Chu Chu's easy tip

需將模具倒扣，戚風蛋糕才不會塌下去。

肉桂蘋果蛋糕

這道甜點使用了充滿秋天陽光氣息的蘋果，脆甜的蘋果和香氣馥郁的肉桂可說是天作之合。在微風徐徐的晚秋時分，光把肉桂蘋果蛋糕擺在桌上，就能讓下午茶時光更有氣氛。

直徑18cm圓形模具
1個

180℃

30～35分

密閉容器
冷藏2～3天

材料

蘋果 1又1/2個
低筋麵粉 100g
杏仁粉 30g
肉桂粉 3g
泡打粉 2g
砂糖 100g

鹽 1g
雞蛋 2個
葡萄籽油 60ml
香草精 4～5滴
杏仁片 少許

事前準備 ・在將低筋麵粉、杏仁粉、肉桂粉和泡打粉一起事先過篩。
・在圓形模具中鋪上烘焙紙。
・開始烘烤的前10～20分鐘先將烤箱預熱至180℃。

1 將雞蛋打入碗中,用打蛋器打散。

2 加入葡萄籽油、砂糖和鹽,用打蛋器攪打至砂糖完全融化為止。

3 放入香草精並攪拌均勻。

4 加入已過篩的低筋麵粉、杏仁粉、肉桂粉和泡打粉,用攪拌刮刀攪拌。

5 將1個蘋果切成2~3mm的薄片,剩下的蘋果切碎成5mm大小的方塊。

6 在4中加入切碎的蘋果,用攪拌刮刀拌勻,蛋糕麵糊完成。

7 將麵糊倒入鋪有烘焙紙的圓形模具中。

8 把切好的蘋果片在麵糊上鋪成一圈，撒上杏仁片。

9 放入預熱180℃的烤箱烤30～35分鐘。

10 取出後放在冷卻架上冷卻。

乳酪蛋糕

加入奶油乳酪，口感濕潤且鬆軟的蛋糕。奶油乳酪的滋味清新，很適合切一小塊作爲飯後甜點，或者包得美美的當作送人的禮物。

直徑18cm圓形模具
1個

160℃→170℃

50分

密閉容器
冷藏2～3天

材料

奶油乳酪 250g
低筋麵粉 10g
玉米粉 25g
砂糖 100g
鹽 一小撮（約0.5g）

雞蛋 2個
牛奶 30ml
鮮奶油 80ml
Genoise海綿蛋糕1片，厚 1cm
香草精 4～5滴

事前準備

・從冰箱中取出奶油乳酪，置於室溫下30分鐘以上
・將低筋麵粉和玉米粉事先過篩。
・在圓形模具中鋪上烘焙紙。
・開始烘烤的前10～20分鐘先將烤箱預熱至160℃。

1 在碗中放入奶油乳酪，用電動打蛋器將奶油乳酪打到蓬鬆柔軟為止。

2 加入砂糖和鹽，用電動打蛋器攪打至砂糖完全融化。

3 打入雞蛋，均勻打散至沒有結塊。

4 加入牛奶、鮮奶油和香草精，均勻攪拌。

5 加入已過篩的麵粉和玉米粉，用攪拌刮刀
拌勻，完成黏稠的蛋糕麵糊。

6 將海綿蛋糕放入已經鋪有烘焙紙的圓形模
具中。

7 把5的麵糊倒入模具裡，並在烤盤裡倒入
一杯滾燙的水，再把裝有麵糊的模型放在
烤盤上。

8 放入預熱160℃的烤箱中烤30分鐘，接著
把溫度調高到170℃，繼續烘烤20分鐘。
之後連同模具一起放進冰箱冷凍約1～2小
時，待蛋糕完全凝固之後，便可從模具中
取出。

Chu Chu's easy tip

· 烤完乳酪蛋糕後，可以把蛋糕留在烤箱一段時間，直到烤箱的溫度下降為止，如此一
來蛋糕就不容易塌陷。
· 海綿蛋糕可以冷藏保存約15天，建議切成好幾片保存，需要使用的1小時前再從冰箱
取出即可。
· 乳酪蛋糕和其他蛋糕不同，比起在室溫下放涼，放入冷凍庫凝固後的口感更加美味。

藍莓磅蛋糕

大量加入滋味酸甜的藍莓，咬起來滿是果粒的藍莓磅蛋糕。用葡萄籽油代替奶油，口感更加濕潤，試著做出了清爽無負擔的滋味。

長20cm的磅蛋糕模具
2個

180℃

30分

密閉容器
室溫5天

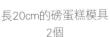

材料

冷凍藍莓 60g
低筋麵粉 130g
杏仁粉 30g
泡打粉 3g
砂糖 130g

鹽 1g
雞蛋 3個
葡萄籽油 70ml
香草精 4～5滴
手粉（低筋麵粉）少許

事前準備　・將低筋麵粉、杏仁粉和泡打粉一起事先過篩。
　　　　　・在烤盤上鋪上烘焙紙。
　　　　　・開始烘烤的前10～20分鐘先將烤箱預熱至180℃。

1 在碗中放入冷凍藍莓,撒上手粉輕輕拌勻,使藍莓表面皆沾有麵粉。

2 在另一個碗中加入葡萄籽油、砂糖和鹽,用打蛋器輕輕拌勻。

3 打入雞蛋,用打蛋器攪拌至砂糖完全融化為止。

4 加入香草精,均勻攪拌。

5 　加入已過篩的麵粉、杏仁粉和泡打粉，用攪拌刮刀拌勻。

6 　放入的藍莓拌勻，麵糊完成。

7 　將麵糊倒入磅蛋糕模具中，約7～8分滿。

8 　將磅蛋糕模具放在鋪有烘焙紙的烤盤上，放入預熱180℃的烤箱中烤10分鐘，然後在蛋糕中間劃出刀痕。再繼續烘烤20分鐘後將蛋糕取出，脫模後於冷卻架上放涼。

Chu Chu's easy tip

· 也可以用椰子油、芥花油、葵花油、橄欖油等油品來代替葡萄籽油。
· 如果不事先在冷凍藍莓上灑上麵粉，蛋糕可能會整個染上紫色，或藍莓有可能會全部沉到蛋糕底層。

草莓蛋糕捲

包有鮮奶油和草莓的細緻蛋糕捲。加入大量蛋黃，做出了柔軟而滋味香濃的蛋糕，請試著在蛋糕裡加入各種當季水果，做出喜歡的口味吧。

24x35cm方型模具 1個	180℃	15～18分	密閉容器 冷藏2～3天

材料

草莓 10顆　　　　　　　　蛋黃 6個
低筋麵粉 120g　　　　　　牛奶 30ml
百年草仙人掌粉 10g　　　　鮮奶油 200ml
泡打粉 1g　　　　　　　　柚子糖漿（或果糖）11ml
砂糖 80g　　　　　　　　葡萄籽油 60ml
鹽 1g　　　　　　　　　　香草精 4～5滴

蛋白霜　　砂糖60g、蛋白6個

事前準備
　・將草莓徹底洗乾淨後，放在網篩上瀝乾水分。
　・將蛋白和蛋黃分開。
　・將低筋麵粉、百年草仙人掌粉、泡打粉一起事先過篩。
　・在方形模具中鋪上烘焙紙。
　・開始烘烤的前10～20分鐘先將烤箱預熱至180℃。

＊ 百年草是一種生長於韓國濟州島的仙人掌果實，製成的粉末呈紫紅色，可作為天然色素使用。
＊ 柚子糖精是用柚子萃取出的汁液製成的糖漿，一般用來加入飲料中享用。（和常見的柚子茶差別在於柚子糖漿中沒有加入柚子皮。）

1 將蛋黃、砂糖、鹽和柚子糖漿放入碗中，用電動打蛋器攪打約1分鐘，打到蛋液產生小氣泡為止。

2 加入香草精和牛奶，用攪拌刮刀拌勻。

3 加入篩過的低筋麵粉、泡打粉和百年草仙人掌粉末，攪拌至沒有結塊為止。

4 **製作蛋白霜** 在另一個碗中放入蛋白，用電動打蛋器打發至產生氣泡。

5 分2～3次加入砂糖，並一邊高速將蛋白打發。舉起打蛋器時蛋白霜的尖端會呈現微彎狀，完成結構紮實的蛋白霜。

6 將一半的蛋白霜放入3中，用攪拌刮刀拌勻後，再加入剩下的蛋白霜均勻攪拌。

7　放入葡萄籽油後要快速拌勻，避免打發的
　蛋白消掉，麵糊完成。

8　將麵糊倒入鋪有烘焙紙的方形模具中，用
　刮刀將表面整平。

9　放入預熱180℃的烤箱中烤15～18分鐘，
　然後從模具中連同烘焙紙一起取出蛋糕，
　放在冷卻架上待涼。等蛋糕底完全冷卻後
　再剝除底面的烘焙紙。

10　將鮮奶油倒入碗中，用電動打蛋器打
　　發，作出霜淇淋般的柔滑質感。

11　鋪一張新的烘焙紙，將蛋糕底放上去，
　　用抹刀將鮮奶油在蛋糕上抹平後，在蛋
　　糕寬度的1/3處放上一排草莓。

12　像捲壽司一般將蛋糕輕輕捲起，之後放
　　入冰箱冷藏30分以上。

果醬蛋糕捲

在這邊要介紹的是有著藤蔓般經典花紋的果醬蛋糕捲。試著重現了小時候只有特別的日子才能吃到，夾有草莓果醬的蛋糕捲。請一邊享用甜蜜的蛋糕捲，一邊回想從前美好的時光吧。

24x35cm方型模具 1個	180℃→170℃	17～18分	密閉容器 冷藏2～3天

材料

草莓果醬 100g
低筋麵粉 200g
泡打粉 1g
砂糖 260g
鹽 4g
雞蛋 6個

牛奶 40ml
果糖（或寡糖） 16ml
香草精 4～5滴
摩卡咖啡液 10g
食用油 少許

事前準備

・將低筋麵粉和泡打粉一起事先過篩。
・在方形模具中鋪上烘焙紙。
・開始烘烤的前10～20分鐘先將烤箱預熱至180℃。

果醬蛋糕捲做法

1　將雞蛋、砂糖、鹽和果糖放入碗中，用電動打蛋器打散。

2　在裝有熱水的碗上放上1的碗，再用打蛋器攪打使砂糖完全融化。

3　用電動打蛋器將蛋液打發，直到表面產生細緻的氣泡，蛋液呈米白色為止。之後加入香草精，均勻混合。

4　加入篩過的低筋麵粉和泡打粉，用攪拌刮刀拌勻至看不見粉末為止。

5　加入牛奶拌勻，麵糊完成。

6　將麵糊倒入舖有烘焙紙的方形模具中，這時用湯匙舀起5～7大匙的麵糊，和摩卡咖啡液混合均勻後裝入擠花袋中，在模具中的麵糊上來回擠出細長條。

7 用筷子在摩卡麵糊上劃出直線，花紋便完成了。

8 放入預熱180℃的烤箱中烤15分鐘，之後將溫度調低為170℃，續烘烤2～3分鐘。

9 從模具中取出蛋糕，剝除底層的烘焙紙，再鋪上一張新的烘焙紙。用刷子在烘焙紙上刷上少許食用油，放上蛋糕底，接著趁熱用抹刀將果醬抹在蛋糕上。

10 像捲壽司一般將蛋糕輕輕捲起，固定1分鐘左右使蛋糕捲定型。

My First Pie & Tart

這一章集結了長久以來受到大家喜愛的派和塔點，有看起來甜滋滋的派，也會介紹外皮酥脆，卻完整保留內餡口感的塔類點心。雖然製作派皮的步驟比較繁複，但只要品嘗到烤出來既酥脆又香甜的派，一定會覺得很幸福的。切一塊派，配上濃濃的咖啡，好好享受一下悠閒的點心時光吧！

* * * PART 3 * * *

第一次動手作塔&派

葉子派

咬下一口葉子派，香濃的滋味便伴隨著酥脆的聲音迅速在口中擴散。這是用模型壓在派皮上作出葉子狀的迷你甜脆皮派，直接吃就很美味，沾上果醬也很好吃。

4x7cm 12個	190℃	20～25分	密閉容器 室溫10天

材料

低筋麵粉 200g
砂糖 20g
鹽 3g
奶油 70g

水 60ml
手粉（低筋麵粉） 少許
裝飾用砂糖 少許

事前準備

・奶油秤好需要的量之後放進冰箱冷藏備用。
・水請準備冰水。
・將烘焙紙鋪在烤盤上。
・準備烤的10～20分前先將烤箱預熱至190℃。

1 將篩過的低筋麵粉放入碗中,然後加入砂糖和鹽,用攪拌刮刀輕輕混合。

2 放入冷藏過的奶油,豎起刮刀,像要將奶油切碎般用切的方式將奶油與粉類混合。

3 一點一點倒入冰水,並豎直刮刀將麵團混合,一直拌到看不見粉類,麵團呈現適度濕潤有光澤的樣子。

4 將拌好的麵團壓成一塊,放進塑膠袋中壓扁,之後放進冰箱冷藏靜置30分鐘。

5 在工作台上撒上手粉，將靜置過的麵團擀平。等麵皮變長，厚度一致後再次撒上手粉，接著將麵皮對半折，重新進行擀平的步驟，此步驟需重複操作5～6次。

6 將麵皮擀成3mm厚，用沾有麵粉的葉形餅乾模具壓出形狀。

7 把麵皮放在鋪有烘焙紙的烤盤上，並用刀劃出葉脈，撒上裝飾用砂糖。

8 放入預熱190℃的烤箱中烤20～25分鐘，取出後放在冷卻架上待涼。

Chu Chu's easy tip

· 製作派皮時要把攪拌勺或刮刀豎直，用切的方式混合麵粉和奶油。如果用力壓緊或敲打，會讓麵團產生太多筋性，讓派皮變硬且容易碎掉。
· 混合麵粉和奶油時動作要迅速，讓奶油保持低溫，避免融化。奶油融化的話麵團會變黏，烤的時候派皮無法分層，口感就會不夠酥脆。
· 如沒有葉形餅乾模，也可用圓的餅乾模型壓出圓形後，再用擀麵棍輕輕擀成橢圓形。

核桃派

加入大量核桃，越嚼越香的核桃派。很適合當成茶點享用，作為送人的禮物也毫不遜色。可以根據個人喜好加入胡桃、開心果或腰果等各種堅果，作成不同風味的堅果派。

直徑13cm 塔模
2個

180℃

25～30分

密閉容器
室溫3天

材料	低筋麵粉 100g	奶油 40g
	砂糖 25g	雞蛋 25g（1/2個）
	鹽 1g	手粉（低筋麵粉）少許

核桃餡	核桃130g、白糖30g、黑糖30g、肉桂粉1/3匙、奶油20g、雞蛋2個、寡糖20ml

事前準備　・奶油秤好需要的量之後放進冰箱冷藏備用。
・用流動的清水將核桃洗乾淨，再用乾鍋加熱炒到沒有水氣為止。
・低筋麵粉事先過篩。
・準備烤的10～20分前先將烤箱預熱至180°C。

1 在碗中放入奶油，用打蛋器攪打至奶油變得鬆軟為止。

2 加入砂糖和鹽，充分混合，並將奶油繼續攪打至柔滑的乳霜狀。

3 打入雞蛋，均勻混合至沒有結塊。

將麵團放進塑膠袋中後壓扁

4 加入篩過的麵粉，豎直攪拌刮刀，一直混合到看不見粉類，麵團呈現適度濕潤有光澤的樣子。將拌好的麵團壓成一塊放進塑膠袋裡，再放進冰箱冷藏靜置30分鐘。

5 在工作台上撒上手粉，放上步驟4靜置過的麵團。再用擀麵棍將麵團擀成3mm的薄麵皮。

6 把擀好的派皮放在塔模上，並用湯匙輕壓派皮，讓派皮的底部和側面緊貼模具，再用擀麵棍滾過表面，即可將塔模外的派皮切乾淨。

7 用拇指和食指再次壓緊塔皮，使其完全緊
貼塔模，之後用叉子在底部戳出小洞。

8 **製作核桃餡** 將炒過的核桃切碎。

9 在小碗裡放入其餘核桃餡的材料，然後將
小碗放在裝有熱水的大碗中，並用打蛋器
快速攪拌使糖融化。

10 加入切碎的核桃，用攪拌刮刀拌勻，核
桃餡完成。

11 在7的塔皮中填滿核桃餡，放入預熱至
180℃的烤箱，烤25～30分鐘。

12 連同塔模一起放在冷卻架上待涼，等派
完全冷卻後再脫模。

蘋果派

來介紹一下蘋果盛產的季節絕對要挑戰的一道食譜！讓人忍不住想豪邁地切下一大塊享用，人人為之著迷的蘋果派！口感濕潤的蘋果餡和酥脆的派皮可說是夢幻組合！

直徑13cm 的塔模 2個	180℃	20～23分	密閉容器 冷藏3天

材料	中筋麵粉 200g	奶油 100g
	砂糖 6g	蛋黃 1個
	鹽 3g	水 100ml
	脫脂奶粉 4g（可省略）	手粉（低筋麵粉）少許

蘋果餡	蘋果2個、肉桂粉2g、黑糖20g、黃砂糖20g

事前準備
・奶油秤好需要的量之後放進冰箱冷藏備用。
・將蘋果洗乾淨後，放在濾網上除去水氣。
・水請準備冰水。
・準備烤的10～20分前先將烤箱預熱至180℃。

蘋果派作法

1　將中筋麵粉用網篩在工作台上，再加入砂糖、鹽、脫脂奶粉和奶油，用刮刀一邊將奶油切碎，一邊混合。

2　一點點倒入冰水，並一邊將麵團用手快速混勻，直到看不見粉類，麵團呈現適度濕潤有光澤的樣子。

3　將拌好的麵團捏成一塊，放進塑膠袋裡壓扁，然後放進冰箱冷藏靜置30分鐘。

4　**製作蘋果餡**　蘋果去皮之後切碎成5mm大小左右。

在工作台上
撒上手粉

5　在鍋中放入切碎的蘋果和其餘的內餡材料，用中火翻炒直到砂糖融化，接著用大火持續翻炒至水分收乾。

6　用擀麵棍將3的麵團擀成厚3mm的派皮，然後將派皮放在塔模上，用手指壓緊，讓派皮緊貼底層和側面，再用擀麵棍滾過塔模表面，將外露的派皮切乾淨。

7 用拇指和食指再次壓緊派皮，使其完全緊
貼塔模，之後用叉子在底部戳出小洞。

8 將5的蘋果餡填入塔模中。

9 將剩下的派皮擀成3mm，用刀或滾輪切刀
切成寬1cm的長條狀。

10 將長條狀的派皮放在蘋果餡上，像編竹
籃一樣讓派皮相互交叉，蓋住內餡，露
在模具外的派皮用手壓斷即可。

11 將蛋黃打散，用刷子將蛋液刷在派皮的
表面。

12 放入預熱180℃的烤箱，烤20～23分
鐘。取出後連同模具一起放在冷卻架上
待涼，完全冷卻後再將派脫模。

LA糯米派

口感Q彈的LA糯米派，用烤箱烤的比用電子鍋或平底鍋作的更香更美味，請試著加入喜歡的堅果類，作出各種口味吧！

| 20x20cm 方形模具 1個 | 180℃ | 25分 | 密閉容器 室溫3天 |

材料

糯米粉 300g
泡打粉 3g
砂糖 70g
奶油 15g
雞蛋 1個
牛奶 320ml

蜜紅腰豆 30g
蜜豌豆 30g
蜜紅豆 30g
杏仁片 10g
蔓越莓乾 10g

事前準備

· 將蜜紅腰豆、蜜豌豆、蜜紅豆泡在熱水中使其變軟，之後用濾網過濾，除去水份。
· 在耐熱容器中放入奶油，放進微波爐後加熱10秒，持續間隔加熱直到奶油完全融化。
· 將糯米粉和泡打粉一起事先過篩。
· 在方形模具中鋪上烘焙紙。
· 準備烤的10～20分前先將烤箱預熱至180℃。

* LA糯米派為改良式韓國傳統年糕，因洛杉磯的韓僑眾多而得名。

LA糯米派作法

1 在碗中加入牛奶和雞蛋，用打蛋器打散。

2 加入砂糖和篩過的糯米粉及泡打粉，用打蛋器均勻混合至沒有結塊為止。

3 加入蜜紅腰豆、蜜豌豆、蜜紅豆、杏仁片和蔓越莓乾，用攪拌刮刀拌勻。

4 倒入融化的奶油，迅速拌勻，麵糊完成。

5 將麵糊倒進鋪有烘焙紙的方形模具中。

6 將模具舉起，底部用力敲向桌面，讓麵糊表面保持平坦。

7 放入預熱180℃的烤箱，烤25分鐘。取出後連同模具一起放在冷卻架上待涼，等完全冷卻後再撕掉烘焙紙。

Chu Chu's easy tip

· 可以用刷子在模型內塗上融化的奶油，再撒上一些糯米粉，就可以代替烘焙紙的功用，直接倒入麵糊了。

· 用糯米粉作的派比較不容易烤得金黃，如果想確認有沒有烤好，請用筷子戳戳看，只要筷子沒有沾上麵糊，就表示裡面也完全熟了。

蛋塔

酥脆的派皮包裹著香甜卡士達醬的蛋塔，小巧的尺寸讓人忍不住一口接著一口。製作的步驟非常簡單，烘焙新手也能輕鬆挑戰。

直徑5cm 的瑪芬模具　　190℃　　20分　　密閉容器
25個　　　　　　　　　　　　　　　　　　　　冷藏3天

材料	低筋麵粉 250g	奶油 90g
	砂糖 10g	水 40ml
	鹽 3g	手粉（低筋麵粉） 少許

卡士達醬　玉米粉15g、砂糖95g、蛋黃4個、牛奶200ml、
香草莢1/2根（或香草精4～5滴）

事前準備
・將香草莢剖開，用刀刮出裡頭的香草籽。
・奶油秤好需要的量之後放進冰箱冷藏備用。
・在耐熱容器中倒入牛奶，放進微波爐加熱約30秒。
・水請準備冰水。
・準備烤的10～20分前先將烤箱預熱至190℃。

1　將低筋麵粉用網篩篩在工作台上,再加入
　　砂糖、鹽和奶油,用刮刀一邊將奶油切
　　碎,一邊混合。

2　一點點倒入冰水,並用手快速混勻,直到
　　看不見粉類,麵團呈現適度濕潤有光澤的
　　樣子。

3　將拌好的麵團捏成一塊,放進塑膠袋裡壓
　　扁,然後放進冰箱冷藏靜置30分鐘。

4　**製作卡士達醬**　將蛋黃放入碗中,用打蛋
　　器打散後加入砂糖,均勻攪散。

5　加入熱過的牛奶、玉米粉和從香草莢中刮
　　下的香草籽,用打蛋器均勻混合。

6　將碗放入微波爐加熱3～4分鐘,記得中途
　　要不時取出確認狀態,用打蛋器攪勻避免
　　燒焦。等卡士達醬變得濃稠後使用保鮮膜
　　蓋住放涼。

7 在工作台上撒上手粉，用擀麵棍將靜置後的麵團擀成3mm厚的塔皮。

8 在直徑10m的圓形餅乾模具上沾上麵粉，將塔皮壓成圓形。

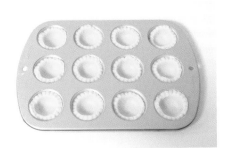

9 將塔皮放入瑪芬模具中，用手指將塔皮壓緊，使其完全緊貼模具的側面及底部。

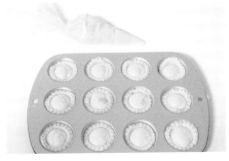

10 用叉子在底部戳出小洞，並將6的卡士達醬裝入擠花袋中，擠入瑪芬模具內，約9分滿。

11 放入預熱190℃的烤箱，烤20分鐘。取出後連同模具一起放在冷卻架上待涼，等完全冷卻後再將蛋塔脫模。

柳橙甜塔

突然想吃酸酸甜甜的點心時，就來作作看柳橙甜塔吧！雖然加入了卡士達醬和鮮奶油，但有新鮮的柳橙果粒在口中彈跳，吃起來一點也不膩！

| 直徑13cm 塔模 2個 | 180℃ | 20分 | 密閉容器 冷藏3天 |

| 材料 | 柳橙 2個
低筋麵粉 100g
砂糖 25g
鹽 1g | 奶油 40g
雞蛋 25g（1/2個）
鮮奶油 70ml
手粉（低筋麵粉）少許 |

| 柳橙
卡士達醬 | 低筋麵粉10g、玉米粉10g、砂糖60g、奶油10g、雞蛋1個、牛奶230ml |

| 事前準備 | ・用小蘇打粉磨洗柳橙表面，再用粗鹽磨過後沖洗乾淨，之後將柳橙用熱水燙個20秒，再放入濾網中將水份瀝乾。
・在耐熱容器中倒入牛奶，放進微波爐加熱約30秒。
・開始烤瑪德蓮的前10～20分鐘先將烤箱預熱至180℃。 |

1 參考p.126（核桃派）的步驟1～4完成塔
皮麵團，將麵團放入塑膠袋，壓扁後放進
冰箱冷藏靜置30分鐘。

2 用刨絲器或削皮器將柳橙外皮磨下。

3 用刀削下外皮後將柳橙切成8等份，用2～
3片柳橙擠出2大匙柳橙汁備用。

4 將鮮奶油倒入碗中，加入2的橙皮，再用
電動打蛋器將鮮奶油打發成冰淇淋般的柔
滑乳霜狀。

5 **製作柳橙卡士達醬** 在另一個碗中加入雞
蛋，用打蛋器打散後放入砂糖均勻混合。

6 倒入加熱過的牛奶和3的柳橙汁，用打蛋
器混勻，接著加入篩過的低筋麵粉和玉米
粉，均勻混合。

在工作台上撒上手粉。

7　將碗放入微波爐加熱3～4分鐘，記得中途要不時取出確認狀態，避免燒焦。然後加入奶油，用打蛋器均勻混合。等卡士達醬變得濃稠後便用保鮮膜蓋住放涼。

8　用擀麵棍將 1 的塔皮擀成3mm厚，放在塔模上，再用手指將塔皮壓緊，使其完全緊貼模具的側面及底部。接著用　麵棍滾過塔模表面，將外露的派皮切乾淨。

9　用叉子在塔皮底部戳出小洞，然後放入預熱190℃的烤箱烤20分鐘。取出後連同模具一起放在冷卻架上待涼，完全冷卻後再將塔皮脫模。

10　將7的柳橙卡士達醬擠入放涼的塔皮中，約8～9分滿。

11　將4的鮮奶油擠在柳橙卡士達醬上。

12　把3的柳橙放在鮮奶油上作為裝飾。

巧克力塔

看到巧克力塔上一個個突起的甘納許裝飾，就讓人心情很好。裡層包有奶油乳酪，所以味道不會太甜，也很適合在情人節或特別的紀念日作為禮物送給重要的人。

直徑13cm
塔模2個

180℃

18～20分

密閉容器
冷藏3天

材料	可可粉 15g	奶油 40g
	低筋麵粉 85g	雞蛋 25g（1/2個）
	黃砂糖 25g	手粉（低筋麵粉）少許
	鹽 1g	

乳酪醬　奶油乳酪180g、糖粉20g、鮮奶油70ml、檸檬汁1匙
甘納許　調溫黑巧克力120g、鮮奶油120ml

事前準備　・先從冰箱取出奶油和奶油乳酪，置於室溫30分鐘以上。
　　　　　・在耐熱容器中倒入鮮奶油，微波加熱約30秒。
　　　　　・將可可粉和低筋麵粉一起事先過篩。
　　　　　・開始烤餅乾的前10～20分鐘先將烤箱預熱至180℃。

＊ 甘納許(ganache)由巧克力和鮮奶油組成的柔滑巧克力醬。

1 在碗裡放入奶油，用打蛋器打到奶油變得鬆軟。加入黃砂糖和鹽，繼續攪打到奶油成為柔滑的乳霜狀。

2 打入雞蛋，均勻攪打至沒有結塊。

3 加入篩過的低筋麵粉和可可粉，豎直刮刀，攪拌到看不見粉類，麵團呈現適度濕潤有光澤的樣子。

4 讓麵團結成一塊，放入塑膠袋中壓扁，之後放入冰箱冷藏靜置30分鐘。

在工作台上
撒上手粉。

5 用擀麵棍將麵團擀成3mm厚度的塔皮。將塔皮放到模具上，用手指壓緊，讓塔皮緊貼底層和側面，再用　麵棍滾過塔模表面，將外露的塔皮切乾淨。

6 用叉子在塔皮底部戳出小洞，放入預熱180℃的烤箱烤18～20分鐘。

7 取出後連同模具一起放在冷卻架上待涼，
完全冷卻後再將塔皮脫模。

8 **製作甘納許** 將調溫黑巧克力放入碗中，
倒入加熱後的鮮奶油，用湯匙攪拌到巧克
力完全融化，甘納許完成。

一直打發到奶油乳酪變成冰淇淋般的柔滑乳霜狀。

9 **製作乳酪醬** 將奶油乳酪放入碗中，用電
動打蛋器將奶油乳酪打到鬆軟，之後加入
糖粉、鮮奶油和檸檬汁繼續打發。

10 將9的乳酪醬擠入放冷的塔皮中約8、9
分滿。

11 將擠花袋套上圓形花嘴，填入8的甘納
許。在塔的表面垂直擠出後再放鬆力
道，擠出一個個尖角裝飾。

My First bread

每次走進麵包店就會看到好多想吃的麵包，總是無法下定決心要買哪一個嗎？為了解決大家的煩惱，這裡集結了在家也可以輕鬆完成的超簡單麵包食譜。除此之外還特別詳細解說了作麵包時最重要的「發酵」步驟。就算是烘焙新手，只要跟著一步步動手作，就會發現作麵包一點都不難。為了幫助各位在家作出外觀和味道都不輸麵包店的美味麵包，也特別收錄了許多重要的小祕訣。

PART 4

第一次動手作麵包

巧克力捲吐司

吐司裡藏著一圈圈的巧克力大理石花紋。用手撕下剛烤好的巧克力捲土司，大口享用的滋味非常美妙，不過整齊地切片，一邊吃一邊欣賞吐司斷面的變化也很不錯。

10x20x10cm吐司模型
2個

180℃

30～35分

密閉容器
室溫3天

材料

可可粉 10g
高筋麵 粉570g
脫脂奶粉 12g（可省略）
乾酵母 9g
砂糖 32g

鹽 11g
椰子油（或奶油） 25ml
水 290-300ml
手粉（高筋麵粉） 少許

事前準備

・準備溫水。
・將高筋麵粉事先過篩。
・準備烤的10～20分前先將烤箱預熱至180℃。

巧克力捲吐司作法

1 將高筋麵粉放入碗中,加入脫脂奶粉、乾酵母和砂糖,用攪拌刮刀輕輕拌勻。

2 緩緩倒入溫水,一邊用攪拌刮刀拌勻,一直攪拌到看不見粉類,麵團結成一整塊後再倒入椰子油,接著用手搓揉。

3 用手將麵團壓平,折起再搓揉,持續操作10分鐘以上直到麵團變得不黏手為止。等到麵團表面呈現平滑有光澤的樣子後,用刮刀將麵團分為兩半,再用手掌滾圓。

4 在可可粉中加入少許溫水攪拌均勻,讓可可粉不至於飛散。

5 在步驟3的其中一個麵團中加入步驟4,作成巧克力口味的麵團。

6 將兩個麵團分別裝入碗中,蓋上保鮮膜。放在27～30℃左右的溫暖位置,直到麵團膨脹為原本的2.5倍大為止,進行約60分鐘的第一次發酵。

7 在工作台上撒上手粉，放上麵團，用手掌壓出麵團中的氣體（翻麵）。之後再次將麵團滾圓，包上保鮮膜。置於26～27℃左右的室溫下，進行約15分鐘的中間發酵。

8 中間發酵結束後將麵團分別用擀麵棍擀平成橢圓形，然後把巧克力麵團疊在上方。

9 像捲壽司一樣將麵團捲起來，將折縫部分用拇指和手指捏緊黏合。

10 將麵團折縫朝下放入吐司模型中。

11 把模型放在27～30℃左右的溫暖處，進行約40分鐘的第二次發酵，直到麵團膨脹為原本的2倍大為止。

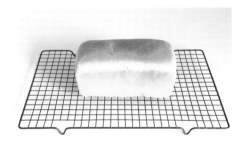

12 放入已預熱180℃的烤箱烤30～35分鐘，取出後將吐司脫模，放在冷卻架上待涼。

栗子吐司

外皮放上大量的奶酥，裡層柔軟又好撕，還有口感絕佳的香甜栗子顆粒，是一款巧妙融合了各項優點的吐司。再配上一杯牛奶，就會是讓人非常滿足的一餐。

| 10x20x10cm吐司模型 1個 | 180℃ | 35分 | 密閉容器 室溫3天 |

材料

罐裝栗子 230g
高筋麵粉 300g
脫脂奶粉 8g（可省略）
乾酵母 4g
砂糖 30g
鹽 3g

奶油 30g
雞蛋 1個
水 135ml
菠蘿奶酥 少許
手粉（高筋麵粉）少許

事前準備

・從罐頭裡取出栗子，洗乾淨之後放在濾網中瀝乾水分。
・從冰箱取出冷藏的奶油，放在室溫下30分鐘以上。
・準備溫水。
・將高筋麵粉事先過篩。
・準備烤的10～20分前先將烤箱預熱至180℃。

1 　將高筋麵粉放入碗中，加入脫脂奶粉、乾
酵母和砂糖，用攪拌刮刀輕輕拌勻。

2 　加入雞蛋，攪拌均勻。

3 　緩緩倒入溫水，一邊用攪拌刮刀拌勻，拌
到麵團呈現適度濕潤有光澤的樣子。

4 　放入奶油，豎直刮刀，用切的方式混合麵
團和奶油。等到麵團開始結成一塊後，用
手持續搓揉10分鐘以上，直到麵團變得不
黏手為止。

5 　等到麵團表面變光滑後，就可以將麵團滾
圓，蓋上保鮮膜，放在27～30℃左右的溫
暖位置，直到麵團膨脹為原本的2.5倍大為
止，進行約60分鐘的第一次發酵。

6 　在工作台上撒上手粉，放上麵團，用手掌
壓出麵團中的氣體。之後再次將麵團滾
圓，包上保鮮膜。然後置於26～27℃左右
的室溫下，進行約15分鐘的中間發酵。

7 中間發酵結束後將麵團用擀麵棍擀成橢圓
形，鋪上罐裝的栗子。

8 像捲壽司一樣將麵團捲起來，折縫部分用
拇指和手指捏緊黏合。

9 用刮刀從麵團長度的2/3處沿長邊切開，
再把麵團扭轉成麻花狀。

10 將麵團放入吐司模型中。

11 放在27～30℃左右的溫暖處，進行約40
分鐘的第二次發酵，直到麵團膨脹為原
本的2倍大為止。參考p.34（菠蘿奶酥）
的步驟1～5製作菠蘿奶酥，然後將奶酥
撒在吐司表面。

12 放入預熱180℃的烤箱烤35分鐘，取出
後放在冷卻架上待涼。

煉乳小餐包

加入煉乳，讓餐包充滿了軟綿綿的口感。請在熱熱的餐包塗上草莓醬或奶油，或者搭配蔬菜作成三明治，好好享受它的美味，拿來當作正餐也毫不遜色呢。

直徑5cm的餐包
9個

180℃

18~23分

密閉容器
冷藏2～3天

材料

煉乳 35ml
高筋麵粉 300g
乾酵母 5g
砂糖 25g
鹽 5g

奶油 20g
雞蛋 1個
水 100ml
手粉（高筋麵粉）少許

事前準備

・從冰箱取出冷藏奶油，放在室溫下30分鐘以上。
・準備溫水。
・將高筋麵粉事先過篩。
・準備烤的10～20分前先將烤箱預熱至180℃。

1 將高筋麵粉放入碗中，加入乾酵母、砂糖和鹽，用攪拌刮刀輕輕混合後加入煉乳攪拌均勻。

2 打入雞蛋，均勻混合。

3 緩緩倒入溫水，一邊用攪拌刮刀拌勻，

4 待麵團逐漸呈現出光澤後便可加入奶油，豎直刮刀，用切的方式拌勻。

5 等麵團開始結成一塊時，便改用手持續搓揉10分鐘以上，一直搓揉到麵團不會黏手為止。

6 等到麵團表面變光滑後，就可以將麵團滾圓，蓋上保鮮膜，放在27～30℃左右的溫暖位置，直到麵團膨脹為原本的2.5倍大為止，進行約60分鐘的第一次發酵。

在工作台上撒上手粉，放上麵團。

7 用手掌壓出麵團中的氣體。之後用刮刀將麵團分成9等份，分別將麵團滾圓。包上保鮮膜後置於26～27℃左右的室溫下，讓麵團進行約15分鐘的中間發酵。

8 用手掌壓出麵團中的氣體後將麵團搓圓，放進方型模具中。把模具放在27～30℃左右的溫暖處，進行約40分鐘的第二次發酵，直到麵團膨脹為原本的2倍大為止。

9 放入預熱180℃的烤箱烤18～23分鐘，取出後將麵包脫模，放在冷卻架上待涼。

Chu Chu's easy tip

請試著在麵團中加入卡士達醬或起司醬吧，可以作出更具有飽足感的餐包。

裸麥芝麻貝果

加入裸麥麵粉和芝麻，替貝果增添香氣的裸麥芝麻貝果。製作貝果時要將麵團在滾水中燙過，而且需要經歷兩次的二次發酵，因此和其他種類的麵包比起來口感更有嚼勁。

直徑10cm
5個

220℃

15分

密閉容器
室溫3天

材料

芝麻 15g
裸麥麵粉 50g
高筋麵粉 250g
乾酵母 4g
小蘇打粉 1匙

砂糖 5g
鹽 5.5g
葡萄籽油 8ml
水 180ml
手粉（高筋麵粉）少許

事前準備

．準備溫水。
．將裸麥麵粉和高筋麵粉一起事先過篩。
．烤盤上鋪上烘焙紙。
．準備烤的10～20分前先將烤箱預熱至220℃。

裸麥芝麻貝果作法

1 將裸麥麵粉和高筋麵粉放入碗中，加入乾酵母、砂糖和鹽，用攪拌刮刀輕輕混合。

2 緩緩倒入溫水，一邊用攪拌刮刀拌勻，

3 待麵團開始成塊，便加入葡萄籽油，豎起刮刀用切的方式混合均勻。

4 加入芝麻，均勻混合，一直搓到麵團不黏手為止，持續搓揉10分鐘以上。

5 等到麵團表面變光滑後，用手掌將麵團滾圓。蓋上保鮮膜，放在27～30℃左右的溫暖位置，直到麵團膨脹為原本的2.5倍大為止，進行約60分鐘的第一次發酵。

在工作台上撒上手粉，放上麵團。

6 用手掌壓出麵團中的氣體。之後用刮刀將麵團切成一份80g的份量，再分別將麵團滾圓，包上保鮮膜，置於26～27℃左右的室溫下，讓麵團進行約15分鐘的中間發酵。

7 中間發酵過後，用擀麵棍將麵團擀成橢圓形，再像捲壽司一般捲起後，用拇指和食指捏緊並黏合折縫。

8 用手掌將7的麵團搓成約20cm的長條狀，將其中一端捏扁，繞成甜甜圈狀與另一端相黏，接縫部分用拇指和食指捏緊黏合。

9 將烘焙紙剪成貝果的大小，鋪在烤盤上。再把貝果放上烤盤，彼此間留有適當空隙後蓋上保鮮膜，進行約20分鐘的二次發酵，直到麵團膨脹為原本的2倍大為止。

10 在鍋中倒水，加入小蘇打粉後煮滾。接著將經過二次發酵的貝果放在鍋鏟上，放入滾水中燙5秒，再翻面燙5秒。

11 把燙過的貝果放回烤盤，蓋上保鮮膜，把烤盤放在27～30℃左右的溫暖處，再次進行約20分鐘的二次發酵。

12 放入預熱220℃的烤箱烤15分鐘，取出後放在冷卻架上待涼。

全麥麵包

雖然看起來有點粗糙，但越嚼越香的滋味讓人忍不住嘴饞。全麥麵包也被稱為工匠麵包（Artisan Bread），其實製作時不需要費力地用手搓揉，只要簡單將材料快速拌勻，再送進烤箱就完成了。

10x20cm
3個

200℃→190℃

20分

密閉容器
室溫3天

材料

全麥麵粉 200g
高筋麵粉 250g
脫脂奶粉 7g（可省略）
乾酵母 8g
砂糖 20g
鹽 5g

葡萄籽油 15ml
水 350ml
核桃（壓碎） 100g
蔓越莓乾 20g
手粉（高筋麵粉） 少許
裝飾用全麥麵粉 少許

事前準備

· 準備溫水。
· 將全麥麵粉和高筋麵粉一起事先過篩。
· 烤盤上鋪上烘焙紙。
· 準備烤的10～20分前先將烤箱預熱至200℃。

全麥麵包作法

1 將全麥麵粉和高筋麵粉放入碗中，加入脫脂奶粉、乾酵母、砂糖和鹽，再緩緩倒入溫水，一邊用攪拌刮刀混合到看不見粉類為止。

2 倒入葡萄籽油均勻混合後，再混入碎核桃和蔓越莓乾，麵團完成。

3 蓋上保鮮膜，將麵團放在27～30℃左右的溫暖位置，直到麵團膨脹為原本的 2.5倍大為止，進行約60分鐘的第一次發酵。

4 第一次發酵結束後用攪拌刮刀壓出麵團中的氣體。

5 在工作台上撒上手粉，放上麵團並將麵團滾圓。蓋上保鮮膜，放置於26～27℃左右的室溫下，讓麵團進行大約15分鐘的中間發酵。

6 將麵團揉成長橢圓形，放在舖有烘焙紙的烤盤上。蓋上保鮮膜，放在27～30℃左右的溫暖位置，進行約30分鐘的第二次發酵，直到麵團膨脹為原本的2倍大為止。

7 在麵團上篩上裝飾用的全麥麵粉，並用刀在表面劃出刀痕。

8 放入預熱200℃的烤箱烤10分鐘後，將溫度調低為190℃，繼續再烤10分鐘。取出後放在冷卻架上待涼。

Chu Chu's easy tip

· 事先將蔓越莓乾泡在味醂中30分鐘以上，可以讓蔓越莓乾變得更軟。
· 麵團表面可以隨心所欲劃出想要的刀痕模樣。
· 進行一～二次發酵時，可以在大碗裡倒入溫水，上面疊上裝有麵團的碗，再整個放進烤箱之類的密閉空間，可以幫助發酵更加順利。

摩卡脆皮餐包

我想將這道食譜大力推薦給喜歡喝咖啡的人。在家烤摩卡脆皮餐包的時候，整個家裡總是瀰漫著咖啡的香氣。吃的時候記得配上一杯濃濃的咖啡，和酥脆又香甜的摩卡餐包可說是天作之合呢。

| 直徑10cm 8個 | 180℃ | 15～18分 | 密閉容器 室溫3天 |

材料	高筋麵粉 300g	鹽 4g
	脫脂奶粉 9g（可省略）	奶油 30g
	乾酵母 5g	雞蛋 1個
	砂糖 43g	水 90～120ml

| 內餡 咖啡液 | 奶油120g 摩卡咖啡液2g（或三合一咖啡1包＋熱水1匙）、 低筋麵粉70g、砂糖50g、奶油70g、雞蛋1個 |

事前準備　‧從冰箱取出奶油，放在室溫下30分鐘以上。

‧準備溫水。

‧將高筋麵粉和低筋麵粉分別過篩。

‧烤盤上鋪上烘焙紙。

‧開始烤瑪德蓮的前10～20分鐘先將烤箱預熱至180℃。

1　將高筋麵粉放入碗中，加入脱脂奶粉、乾酵母、砂糖和鹽，用攪拌刮刀輕輕混合。

2　打入雞蛋，和麵粉均勻混合。

3　緩緩倒入溫水，一邊用攪拌刮刀拌勻，待麵團開始成塊，便用手混合到看不見粉類為止。

4　加入奶油，繼續搓揉10分鐘以上，直到麵團不黏手為止。

5　等到麵團表面變光滑後，用手掌將麵團滾圓。蓋上保鮮膜，放在27～30℃左右的溫暖位置，直到麵團膨脹為原本的2.5倍大，進行約60分鐘的第一次發酵。

在工作台上撒上手粉，放上麵團。

6　用手掌壓出麵團中的氣體。之後用刮刀將麵團切成每份55g的份量，再分別將麵團滾圓，包上保鮮膜。把麵團放在26～27℃的室溫下，進行約15分鐘的中間發酵。

7 用手掌將麵團壓扁，使氣體釋放，再將麵團捏成圓餅狀，中間包上作為內餡的15g奶油，折縫處用食指和拇指捏緊黏合。然後將麵團搓圓。

8 將麵團放在舖有烘焙紙的烤盤上，記得留下足夠間隔。蓋上保鮮膜後放在27〜30℃左右的溫暖位置，讓麵團進行約30分鐘的第二次發酵，直到麵團膨脹為原本的2倍大為止。

9 **製作脆皮** 在碗裡放入奶油，用打蛋器將奶油打到鬆軟後加入砂糖，持續攪拌直到砂糖完全融化。

10 加入雞蛋和摩卡咖啡液攪拌均勻，之後放入篩過的低筋麵粉，用攪拌刮刀拌勻，脆皮麵糊完成。

11 將擠花袋套上圓形花嘴，填入脆皮麵糊。將麵糊由中心往外畫圈擠在經過二次發酵的麵團表面。

12 放入預熱180℃的烤箱烤15〜18分鐘，取出後放在冷卻架上待涼。

紅豆麵包

是最能喚起小時候回憶的麵包之一，有著「國民麵包」美譽的麵包
—紅豆麵包。在紅豆餡裡加入大量香脆的堅果，外型則作成扁圓
形、花型和可愛的泰迪熊等各種造型。

直徑8cm
6個

190℃

12～15分

密閉容器
室溫3天

材料	高筋麵 粉300g	奶油 35g
	脫脂奶粉 9g（可省略）	雞蛋 1個
	乾酵母 6g	水 145ml
	砂糖 45g	巧克力筆
	鹽 5g	

內餡　紅豆沙180g、葵花子、碎核桃各2匙
蛋液　蛋黃1個、水2匙

事前準備　・從冰箱取出奶油，放在室溫下30分鐘以上。
　　　　　・準備溫水。
　　　　　・將高筋麵粉事先過篩。
　　　　　・烤盤上鋪上烘焙紙。
　　　　　・開始烤餅乾的前10～20分鐘先將烤箱預熱至190℃。

1 將高筋麵粉放入碗中,加入脫脂奶粉、乾酵母、砂糖和鹽,用攪拌刮刀輕輕拌勻。

2 打入雞蛋,和麵粉均勻混合。

3 緩緩倒入溫水,一邊用攪拌刮刀攪拌至麵團呈現濕潤有光澤的樣子。

4 加入奶油,繼續搓揉10分鐘以上,直到麵團不黏手為止。

5 等到麵團表面變光滑後,用手掌將麵團滾圓。蓋上保鮮膜,放在27～30℃左右的溫暖位置,直到麵團膨脹為原本的1.5倍大為止,進行約30分鐘的第一次發酵。

撒上手粉,用手掌壓出麵團中的氣體。

6 捏下30g的麵團,將它分成6等份,每份5g。剩下的麵團則用刮刀分成8等份(每份40g)後滾圓,蓋上保鮮膜。把麵團放在26～27℃左右的室溫下,進行約15分鐘的中間發酵。

7 **製作內餡** 在碗中放入紅豆沙、葵花子和碎核桃,均勻混合後分成6等份(每份30g),並搓成圓球狀,內餡完成。

8 用手掌將麵團壓扁,使氣體釋放,再將麵團捏成圓餅狀,中間包上內餡後捏緊,折縫處用食指和拇指黏合。再將麵團搓圓。

9 可將麵團壓扁,再用拇指或具有圓弧的工具在中央壓出凹陷,作成圓盤形狀;也可用刮刀將麵團切成花形。

10 將麵包放在舖有烘焙紙的烤盤裡,記得留出適當間隔。把步驟6中分成5g的麵團各黏2個在圓麵團旁,作成小熊的樣子。

11 用食譜中列出的材料作出蛋液後,將蛋液刷在麵包表面。蓋上保鮮膜,放在27~30℃左右的溫暖位置,讓麵團進行約30分鐘的第二次發酵。

12 放入已預熱至190℃的烤箱烤12~15分鐘,取出後放在冷卻架上冷卻,之後用巧克力筆在小熊麵包上畫出眼睛、鼻子和嘴巴。

小烏龜哈密瓜菠蘿

麵包表面裂開成哈密瓜表皮的樣子，所以被大家稱為哈密瓜麵包*，但一般的哈密瓜麵包裡可沒有哈密瓜，今天特別加入了哈密瓜糖漿，作出了充滿哈密瓜滋味和香氣的麵包。

| 直徑8cm 5個 | 180℃ | 15～18分 | 密閉容器 室溫3天 |

材料　高筋麵粉 220g　　　　　　奶油 25g
　　　脫脂奶粉 4g（可省略）　　雞蛋 1個
　　　乾酵母 4g　　　　　　　　水 125ml
　　　砂糖 35g　　　　　　　　　手粉（高筋麵粉）少許
　　　鹽 4g　　　　　　　　　　巧克力筆

菠蘿皮　低筋麵粉135g、泡打粉一小撮（約0.5g）、砂糖50g、鹽一小撮（約0.5g）、奶油40g、雞蛋1個、哈密瓜糖漿3湯匙

事前準備　・從冰箱取出奶油，放在室溫下30分鐘以上。
　　　　　・準備溫水。
　　　　　・將高筋麵粉和低筋麵粉分別過篩。
　　　　　・烤盤上鋪上烘焙紙。
　　　　　・開始烤餅乾的前10～20分鐘先將烤箱預熱至180℃。

＊ 在韓國菠蘿麵包稱為哈密瓜麵包。

1 將高筋麵粉放入碗中，加入脫脂奶粉、乾酵母、砂糖和鹽，用攪拌刮刀輕輕拌勻。

2 打入雞蛋，和麵粉均勻混合。

3 緩緩倒入溫水，一邊用攪拌刮刀攪拌，等麵團開始結塊，便用手開始搓揉，一直揉到看不見粉類為止。

4 加入奶油，繼續搓揉10分鐘以上，直到麵團不黏手為止。

5 等到麵團表面變光滑後，用手掌將麵團滾圓。蓋上保鮮膜，放在27～30℃左右的溫暖位置，直到麵團膨脹為原本的2.5倍大為止，進行約60分鐘的第一次發酵。

6 把麵團放上工作台，捏下200g分成25等份（每份8g），剩下的麵團則分成5等份（每份55g），用手掌滾圓，蓋上保鮮膜。把麵團放在26～27℃左右的室溫下，進行約15分鐘的中間發酵。

打到奶油顏色開始變白後加入雞蛋和哈密瓜糖漿。

將菠蘿皮壓成一圓，放進塑膠袋。

7 **製作菠蘿皮** 在碗裡放入奶油，用打蛋器將奶油打到鬆軟後加入砂糖和鹽，一直攪拌到砂糖完全融化，之後加入雞蛋和哈密瓜糖漿混合。

8 加入低筋麵粉和泡打粉拌勻，完成後將菠蘿皮麵團裝進塑膠袋，放入冷藏室靜置30分鐘。然後分成5等份（每份60g），用擀麵棍擀成3mm厚的圓餅狀。

9 將8的菠蘿皮麵團包在步驟6滾圓的55g麵團外，用刮刀在表面劃出格紋。

10 把麵團放在舖有烘焙紙的烤盤上，將步驟6分成每份8g的圓球各黏5個上去，作出烏龜的頭和手腳。之後蓋上保鮮膜，放在27～30℃左右的溫暖位置，讓麵團進行約30分鐘的第二次發酵。

11 放入預熱180℃的烤箱烤15～18分鐘。

12 取出放在冷卻架上冷卻，然後用巧克力筆在臉上畫出眼睛。

No-Oven Baking

沒有烤箱也能做提拉米蘇,甚至還有水果塔!
如果還不太熟悉烤箱的操作,或者覺得站在烤
箱前面實在太熱,請讓我向您大力推薦這章的
無烤箱食譜。「沒有烤箱沒問題嗎?」這種擔
心就不必了,一定可以做出像甜點專賣店賣的
一樣漂亮又美味的點心。來試試看這些絕對不
失敗,保證成功的甜點吧!

PART 5

不用烤箱作點心

松露巧克力

又被稱為「生巧克力」或「Pavé 巧克力」的松露巧克力，有著柔滑而深邃的滋味。材料容易取得，作起來也很簡單。外層沾上可可粉就非常好吃，不過換成抹茶粉可以降低甜度，吃起來不會膩口。

20×20cm 甘納許模型
1個

60分

密閉容器
冷藏7天

材料　　　調溫黑巧克力 140g　　　　抹茶粉 10g
　　　　　可可粉 10g　　　　　　　　鮮奶油 70ml

事前準備　·將烘焙紙裁成比方型模具稍大的尺寸。

1 將鮮奶油倒入小鍋子在瓦斯爐上加熱或倒入耐熱容器，微波加熱30秒。

2 將調溫黑巧克力放進碗裡，倒入加熱過的鮮奶油。

3 在大碗裡倒入熱水，上面放上2。用湯匙或是攪拌刮刀持續攪拌到巧克力完全融化為止。

4 攤開烘焙紙，上面放上甘納許模型，將融化的巧克力倒入模型中。

5　放進冷藏室冷藏30分鐘左右，凝固之後用
　　刀沿模型邊緣劃開，脫模後將巧克力切成
　　3x3cm大小。

6　分別在在塑膠袋裡裝入可可粉和抹茶粉。

7　把切好的巧克力分別裝進兩個袋子，輕輕
　　搖晃讓粉末均勻包覆巧克力。

Chu Chu's easy tip

· 也可以加入切碎的蔓越莓乾或堅果。
· 巧克力太稀的話請一邊攪拌一邊稍微放涼一點，冷卻之後就會變硬。
· 也可以在模型裡鋪上保鮮膜，就能使巧克力輕鬆脫模。
· 將刀先用火烤過再切巧克力，就可以切出非常俐落的斷面。

杯子提拉米蘇

在此想跟各位介紹一種超簡單的甜點—杯子提拉米蘇。用奶油乳酪取代了傳統食譜中使用的馬斯卡彭起司，而且還加入了雞蛋，讓口感變得更加柔和。請好好品味一下提拉米蘇在口中甜絲絲融化的滋味吧！

直徑5cm，高10cm的杯子
3個

10分

密閉容器
冷藏2天

材料

奶油乳酪 170g
海綿蛋糕1cm厚 2片
砂糖 20g
可可粉 少許
蛋黃 2個

鮮奶油 80ml
蜂蜜 20g
三合一咖啡 3包
熱水 2匙

事前準備　・從將水倒入耐熱容器中，放進微波爐加熱約30秒。
　　　　　・將奶油乳酪從冰箱取出，置於室溫下軟化30分鐘以上。

1 用熱水溶解三合一咖啡和蜂蜜，作成咖啡糖漿。

2 將蛋黃放入小碗中，用打蛋器打散後加入砂糖，並持續攪打到砂糖完全融化。

3 在大碗中裝入溫水，上面放上2，繼續將蛋黃打發到變成米白色為止，蛋黃醬完成。此時務必注意蛋黃不可以完全弄熟。

4 在另一個碗中放入奶油乳酪，用打蛋器將乳酪打成鬆軟狀。

5 在步驟4中倒入步驟3的蛋黃醬，使用打蛋器攪拌均勻。

6 將鮮奶油放入另一個碗中，用打蛋器打發，打到鮮奶油濃度變得像略稀能流動的優格一般即可。

7 在5中放入打發的鮮奶油，用攪拌刮刀拌勻，奶油乳酪醬完成。

8 將杯子倒過來將海綿蛋糕壓成圓形。

9 把壓好的蛋糕放進杯子裡頭，用刷子刷上1的咖啡糖漿，將蛋糕沾濕。

10 將7的奶油起司醬裝進擠花袋，擠入杯子裡，約至杯子一半的高度。

11 再放上一篇壓成圓形的蛋糕，用刷子刷上咖啡糖漿，再擠入奶油起司醬，將整個杯子填滿。

12 將可可粉篩在提拉米蘇上，完成。

千層可麗餅蛋糕

將煎得薄薄的可麗餅一層層疊起完成的特別蛋糕。滋味單純樸實的可麗餅搭配柔滑鮮奶油的迷人風味，讓人吃再多也不覺得膩。請加上新鮮的季節水果盡情享用吧！

直徑15cm可麗餅
20片

30分

密閉容器
冷藏2～3天

材料

無花果 2個
冷凍藍莓 少許
中筋麵粉 100g
砂糖 25g

雞蛋 2個
牛奶 100ml
鮮奶油 150ml
葡萄籽油 20ml

事前準備　・將無花果洗乾淨，用濾網瀝乾水分；從冷凍庫取出冷凍藍莓，放在室溫下30分鐘以上。
　　　　　・將中筋麵粉過篩。

1 在碗中加入雞蛋和砂糖,用打蛋器攪打至
砂糖完全融化。

2 倒入牛奶,均勻攪拌。

3 加入已篩過的中筋麵粉,使用攪拌刮刀均
勻混合。

4 倒入葡萄籽油,快速混勻。

5 將4用細網篩過濾,去除結塊後放進冷藏
室靜置30分鐘以上,麵糊完成。

6 用小火將平底鍋燒熱,之後舀起一匙麵糊
放入鍋中。用勺子將麵糊鋪平,等表面開
始出現氣泡,就可以將餅皮翻面,繼續煎
個5秒。

7 把煎好的可麗餅一片片鋪在冷卻架上，完全放涼。

8 無花果切4等份。

9 將鮮奶油倒入另一個碗中，用電動打蛋器打發成霜淇淋般的柔滑質感。

10 在盤子裡鋪一片可麗餅，用抹刀抹上一層薄薄的鮮奶油，再蓋上一片可麗餅，不斷重複此步驟將可麗餅層層疊起。

11 將無花果和藍莓裝飾在最後一片可麗餅上方。

草莓鬆餅

在適合當成早午餐主角的鬆餅上加了鮮奶油和酸甜的草莓,一層層
疊起來的鬆餅看起來特別豪華。順便把能將鬆餅煎得又圓又厚的秘
訣分享給各位。

| 直徑15cm | 50分 | 密閉容器 |
| 4片 | | 冷藏2～3天 |

材料

草莓 15個   砂糖 60g
冷凍藍莓 少許   鹽 一小撮(約0.5g)
低筋麵粉 145g   雞蛋 2個
泡打粉 2g   牛奶 150ml
糖粉 少許   鮮奶油 150ml

事前準備

・將草莓清洗乾淨,放在濾網上瀝乾水分。從冷凍室拿出冷
凍藍莓,置於室溫下30分鐘以上。
・將低筋麵粉與泡打粉一起事先過篩。

1 將雞蛋打入碗中，用打蛋器打散。

2 加入砂糖和鹽，用電動打蛋器打發至產生綿密的泡沫。

3 加入篩過的低筋麵粉、泡打粉和牛奶，攪拌均勻，麵糊完成。

4 用中火燒熱平底鍋，再用勺子倒入一匙麵糊。等麵糊表面開始出現圓形氣泡後即可翻面。

5 繼續煎個5秒讓鬆餅上色，之後將鬆餅鋪在冷卻架上待涼。

6 在另一個碗中倒入鮮奶油，用電動打蛋器將鮮奶油打發成霜淇淋般柔滑的質地。

7 留下5～6個草莓作為裝飾用,其餘草莓切成5mm厚的薄片。

8 在盤子裡放上一片鬆餅,用抹刀抹上厚厚的鮮奶油,然後鋪上切片的草莓,再蓋上一張鬆餅,重複抹鮮奶油與鋪草莓的步驟,將鬆餅一層層疊起。

9 最後在鬆餅頂端放上預留的草莓及藍莓作為裝飾,撒上糖粉,完成。

Chu Chu's easy tip

· 在蛋裡加入砂糖和鹽之後請充分打發,產生的泡沫越豐富,鬆餅的口感就會更加蓬鬆柔軟。
· 記得無須在平底鍋中抹油,才能煎出漂亮的褐色鬆餅。

巧克力蛋糕

無論大人小孩都喜歡的巧克力蛋糕。熱得讓人難以待在烤箱前面的
日子，就用電子鍋迅速烤出一個漂亮的蛋糕吧。就算沒有烤箱也能
輕鬆做出美味的蛋糕。

10人份電子內鍋
1個

30分

密閉容器
冷藏3天

材料　　可可粉 20g　　　　　　雞蛋 3個
　　　　低筋麵粉 85g　　　　　鮮奶油 200ml
　　　　砂糖 120g　　　　　　　葡萄籽油 20ml
　　　　鹽 1g　　　　　　　　　香草精 4～5滴（可省略）

事前準備　　・在耐熱容器中放入奶油，放進微波爐後加熱10秒，持續間
　　　　　　　隔加熱直到奶油完全融化。
　　　　　　・將可可粉和低筋麵粉一起事先過篩。

巧克力蛋糕作法

1 將雞蛋打入碗裡，用打蛋器打散。

2 加入砂糖和鹽，用電動打蛋器將蛋打發，直到整體呈米白色。

3 加入香草精，用打蛋器均勻攪拌。

4 放入篩過的可可粉和低筋麵粉，用攪拌刮刀輕輕拌勻，直到看不見任何粉末為止。

5 加入葡萄籽油均勻混合，麵糊完成。記得攪拌時的動作要快，以避免打發產生的泡沫消失。

6 將麵糊倒入內鍋，放進電子鍋中。

5　按下煮飯按鈕，加熱30分鐘。

6　將內鍋倒扣，把蒸好的巧克力蛋糕放在冷卻架上，等蛋糕完全放涼之後從側面平切成3等份。

9　在另一個碗中倒入鮮奶油，用電動打蛋器將鮮奶油打發成霜淇淋般柔滑的質地。

10　在盤子裡放上一片巧克力蛋糕，用抹刀抹上厚厚的鮮奶油，接著再鋪上一片蛋糕，重複抹鮮奶油的步驟，將蛋糕一層層疊起。

Chu Chu's easy tip

· 如果用的不是壓力電子鍋，而是只有煮飯和保溫兩種功能的普通電子鍋，就無法設定煮飯時間，所以等煮飯按鈕跳起來之後就要再按下去，重複加熱2～3次，維持加熱40分鐘以上，之後跳成保溫功能時再燜一下，讓蛋糕徹底蒸熟。

· 正在等待蒸熟時請千萬不要打開鍋蓋，一來可能會被蒸氣燙傷，二來可能導致蛋糕沒有完全燜熟。

地瓜糯米球

特別加入糯米粉，讓口感更加Q彈的地瓜糯米球。內餡是將煮熟的地瓜壓碎後代替紅豆餡，不會太甜又充滿地瓜風味，讓人總是忍不住想多吃一個。

直徑5cm
17個

180℃

10分

密閉容器
冷藏3天

材料　地瓜 3條（中等大小）　　奶油 20g
　　　糯米粉 200g　　　　　　　水 140～200ml
　　　中筋麵粉 60g　　　　　　　食用油適量
　　　泡打粉 4g　　　　　　　　手粉（中筋麵粉）少許
　　　砂糖 32g　　　　　　　　　外層用砂糖 適量
　　　鹽 2g

事前準備　・將地瓜洗乾淨，放在濾網上瀝乾水分。
　　　　　・從冷藏室取出奶油，置於室溫下30分鐘以上。
　　　　　・準備熱水。
　　　　　・將糯米粉、中筋麵粉與泡打粉一起事先過篩。

1　在碗中放入糯米粉、中筋麵粉和泡打粉，再加入砂糖和鹽，用攪拌刮刀混勻。

2　一點一點分次倒入熱水，並用攪拌刮刀拌勻，做出燙麵。

3　等麵團呈現濕潤狀並開始結塊後，便加入奶油用手揉麵。

4　揉到看不見粉末，且麵團變得柔軟後將麵團放進塑膠袋中，放進冰箱冷藏，靜置約30分鐘。

5　將地瓜用水煮至熟透，去皮，放入碗中用叉子壓碎。

6　將靜置過的麵團用手搓成長長的圓筒狀，用刀或抹刀切成17等份，每塊約30g。

7 在手上沾上手粉，將麵團搓圓後壓扁，中間包入1匙步驟5壓碎的地瓜，再將開口收緊黏合，再次將麵團搓圓。

8 在鍋子或深鍋中倒入食用油，用大火加熱至180℃，再放入7的地瓜球。

9 等地瓜球浮起來之後將火力調成中火，將地瓜球炸成金黃色。

10 將地瓜球撈起放在濾網上，瀝乾油分。之後把地瓜球放進裝有砂糖的塑膠袋中，讓外層均勻沾上砂糖。

Chu Chu's easy tip

·假如使用的地瓜比較不甜，壓碎時可以加入蜂蜜或寡糖。
·試著在麵團中加入黑芝麻或壓碎的堅果，成品會更香更好吃喔。
·用棉布過濾使用過的炸油，就可以再用一次。

青葡萄塔

滋味清爽酸甜的青葡萄塔。將全麥餅乾（p.44）用手壓碎後直接使用，省略了製作塔皮的步驟，沒有烤箱也能輕鬆做出甜塔。請試著將各式各樣自己喜歡的水果放在塔上享用吧。

| 直徑13cm塔模
2個 | 20分 | 密閉容器
冷藏3天 |

材料　**青葡萄 1串**　　　　　　　　　　**奶油 50g**
　　　全麥餅乾 120g（約10片）

乳酪醬　**奶油乳酪130g、糖粉20g、鮮奶油70ml**

事前準備　・將青葡萄洗乾淨，放在濾網上瀝乾水分。
　　　　　・在耐熱容器放入奶油，放進微波爐加熱，每次10秒，直到
　　　　　　奶油完全融化。
　　　　　・從冷藏室取出奶油乳酪，置於室溫下30分鐘以上。

1 將全麥餅乾放入塑膠袋中，用擀麵棍仔細
壓成細緻的碎屑。

2 將壓好的餅乾屑放入碗中，倒入已融化好
的奶油。

3 用攪拌刮刀均勻混合，使整體凝結成一塊
並呈濕潤狀，餅乾塔皮完成。

4 將餅乾塔皮裝入塔模中，用手將塔皮壓
緊。請用拇指和食指用力壓緊塔皮，使其
緊貼模具，之後放進冷凍庫冷凍定型30分
左右。

5 **製作乳酪醬** 在另一個碗中放入奶油乳酪，用打蛋器將乳酪打成鬆軟狀。之後加入糖粉混合均勻。

6 加入鮮奶油，均勻混合，乳酪醬完成。

7 從冷凍庫中取出 4，將塔皮脫模。

8 將擠花袋套上圓形花嘴，填入6的乳酪醬，約塔皮的八、九分滿，之後再放上青葡萄作為裝飾。

Chu Chu's easy tip

· 一定要用力將餅乾塔皮壓緊，塔皮才不容易碎掉，可以輕鬆脫模。

Kids Baking

來變身成全世界最帥氣的媽媽吧？簡單又甜蜜的草莓司康能輕鬆抓住孩子們的胃，還有看起來惹人憐愛到不行的小熊瑪芬，以及偏食的小孩也能大口享用的胡蘿蔔杯子蛋糕，孩子們吃了這些點心之後，一定會開心地伸出大拇指大喊「媽媽最棒了！」和媽媽一起做點心也能成為一個最特別的美好回憶。

PART 6

和孩子一起動手作

草莓司康

可以品嘗到新鮮草莓顆粒的酸甜司康，有趣的口感是孩子們的最愛。加入鮮奶油能讓質地更加鬆軟，請試著加入各種孩子喜歡的食材，烤出不同風味的司康吧！

| 寬10cm
6個 | 190℃ | 20～25分 | 密閉容器
室溫3天 |

材料

草莓 140g（6～7個）　　鹽 3g
高筋麵粉 250g　　　　　鮮奶油 275ml
泡打粉 5g　　　　　　　蔓越莓乾 20g
砂糖 40g　　　　　　　　手粉 少許

事前準備

・將草莓清洗乾淨，放在濾網中瀝乾水分。
・將高筋麵粉和泡打粉一起事先過篩。
・在烤盤中鋪上烘焙紙。
・將司康放入烤箱的前20～20分鐘先將烤箱預熱至190℃。

1 將草莓切碎成方便入口的大小。

2 在碗中放入高筋麵粉和泡打粉,並加入砂糖和鹽,用攪拌刮刀拌勻。

3 一點一點倒入鮮奶油,同時豎直刮刀攪拌,直到麵團呈濕潤狀,看不見粉末為止。裝鮮奶油的容器先不用清洗,放在一旁備用。

4 加入1的草莓和蔓越莓乾輕輕混合,避免壓碎草莓,麵團完成。將麵團放進塑膠袋,放入冷藏室靜置30分鐘。

5 將手粉撒在工作檯上，並放上靜置後的麵團。再用手將麵團壓成厚度約3～4cm的扁圓形。

6 用刮刀將麵團切成8等份的扇形。

7 將麵團放在鋪有烘焙紙的烤盤上。用刷子沾取步驟3容器中剩下的鮮奶油，刷在麵團表面。

8 放入預熱至190℃的烤箱中烤20～25分鐘，取出後放在冷卻架上待涼。

Chu Chu's easy tip

· 如果沒有鮮奶油也可以在麵團中加入奶油和牛奶取代。

· 可以在司康裡放些孩子們不太愛吃的蔬菜，還有堅果類、果乾或切達乳酪。

· 如果還有剩下的草莓，可做成草莓果醬搭配司康享用。草莓和砂糖的比例是2：1，並加入一匙檸檬汁、一匙寡糖（或果糖），經熬煮過後就可做出酸酸甜甜的草莓果醬。

煉乳餅乾

沒有一個孩子不愛香香甜甜的餅乾，加入煉乳和糖粉來代替砂糖，讓餅乾的口感更鬆軟，也不會太甜。味道清淡，也很適合讓年紀比較小的孩子們享用。

直徑5cm
25片

180℃

12～15分

密閉容器
室溫7天

材料

煉乳 35ml
低筋麵粉 130g
糖粉 50g
泡打粉 一小撮（0.5g左右）
鹽 一小撮（0.5g左右）

奶油 70g
蛋黃 1個
香草精 4～5滴
手粉（低筋麵粉）少許

事前準備
・從冰箱取出奶油，放在室溫下30分鐘以上。
・將低筋麵粉和泡打粉一起事先過篩。
・在烤盤中鋪上烘焙紙。
・將餅乾放入烤箱的前10～20分鐘先將烤箱預熱至180°C。

煉乳餅乾作法

1 在碗裡放入奶油，用打蛋器攪打至奶油呈鬆軟狀。

2 加入煉乳、糖粉和鹽，使用打蛋器均勻地攪拌。

3 放入蛋黃，打散後加入香草精，並均勻地攪拌。

4 加入篩過的低筋麵粉和泡打粉，豎直刮刀攪拌，麵團完成。

5 將麵團壓成一塊，放進塑膠袋中壓扁，再放入冰箱冷藏靜置30分鐘以上。

6 在工作臺上撒上手粉，放上靜置過的麵團。用擀麵棍將麵團擀成2～3mm厚。

7 將動物餅乾模型沾上麵粉，在麵皮上壓出圖形，之後將餅乾放在鋪有烘焙紙的烤盤上，留下適當間隔，並用筷子在餅乾上戳出1～4個小洞。

8 放入預熱至180℃的烤箱中烤12～15分鐘，取出後放在冷卻架上待涼。

Chu Chu's easy tip

· 餅乾模型可使用孩子們會喜歡的圖案。

芝麻餅乾

不使用奶油或雞蛋,而是加入大量黑、白芝麻,滋味清爽且帶有豐富香氣的芝麻餅乾。特別放了很難單獨攝取的芝麻,兼顧營養和美味,最適合讓孩子們當成零食享用。

直徑5cm 20片	180℃	15～17分	密閉容器 室溫7天

材料　　黑、白芝麻各 5g　　　　　葡萄籽油 50ml
　　　　低筋麵粉 160g　　　　　水 40ml
　　　　砂糖 60g　　　　　　　手粉(低筋麵粉) 少許
　　　　鹽 1g　　　　　　　　裝飾用砂糖 少許

事前準備　・將低筋麵粉事先過篩。
　　　　　・在烤盤中鋪上烘焙紙。
　　　　　・將餅乾放入烤箱的前10～20分鐘先將烤箱預熱至180℃。

1 在碗中放入葡萄籽油、砂糖和鹽，然後用
打蛋器輕輕攪打至砂糖完全融化。

2 加入篩過的低筋麵粉和黑芝麻、白芝麻，
用攪拌刮刀拌勻。

3 一點一點倒入水，繼續混合到看不見粉類
為止。

4 等麵團開始結塊，就可以用手搓揉，使麵
團結成一整塊。

5　在工作臺上撒上手粉，放上麵團。用擀麵棍將麵團擀成2mm厚。再用沾有麵粉的餅乾模型在麵皮上壓出圖形。

6　將餅乾放在舖有烘焙紙的烤盤上，留下適當間隔，並用叉子在餅乾上戳出小洞。

7　將裝飾用砂糖均勻撒在餅乾上面。

8　放入預熱至180℃的烤箱中烤15～17分鐘，取出後放在冷卻架上待涼。

Chu Chu's easy tip

· 麵團要擀得薄一點，才能烤出酥脆口感和美麗的形狀。
· 餅乾務必在冷卻架上徹底放涼，才不會因為水蒸氣變軟。

香蕉瑪芬

孩子們只要吃過一次就會一直纏著媽媽做的香蕉瑪芬！可以品嘗到香蕉綿密的口感和香氣。爲了做出孩子們喜歡的柔軟質地，特別使用了無奶油的食譜。

| 直徑5cm瑪芬模具
6個 | 180℃ | 20分 | 密閉容器
室溫3天 |

材料

香蕉 1又1/2根
低筋麵粉 100g
泡打粉 3g
肉桂粉 2g

砂糖 80g
鹽 1g
雞蛋 2個
葡萄籽油 95ml

事前準備

· 將1根香蕉去皮，剩下1/2根切成5mm厚的薄片。
· 將低筋麵粉、泡打粉和肉桂粉一起事先過篩。
· 在瑪芬模型中放入烘焙紙模。
· 開始烘烤的前10～20分鐘先將烤箱預熱至180℃。

1 先在碗中放入葡萄籽油和雞蛋,用打蛋器
打散。

2 接著加入砂糖和鹽,用打蛋器迅速攪打約
1分鐘。

3 在另一個碗裡放入已去皮的香蕉,用叉子
壓碎。

4 在2中加入壓碎的香蕉,再用打蛋器均勻
攪拌。

5 加入篩過的低筋麵粉、泡打粉和肉桂粉，
均勻攪拌，直到麵糊變得濃稠即完成。

6 將麵糊填入擠花袋，擠到瑪芬紙模中大約
7～8分滿。

7 各放一片切片的香蕉在麵糊表面。

8 放入預熱至180℃的烤箱中烤20分鐘，取
出後放在冷卻架上待涼。

Chu Chu's easy tip

· 選用熟透的香蕉，才能烤出香氣濃郁的瑪芬。
· 也可以在瑪芬麵糊中加入堅果類或果乾。

小熊瑪芬

可愛得讓人捨不得吃的小熊瑪芬。請練習用調溫巧克力和巧克力筆
畫出可愛的小熊臉龐吧,如此特別的甜點一定會在孩子心中留下一
個難忘的回憶。

直徑5x4cm 瑪芬模具
6個

180℃

20～25分

密閉容器
室溫3天

材料	低筋麵粉 90g	牛奶 30ml
	杏仁粉 50g	葡萄籽油 20ml
	泡打粉 3g	果糖 10ml
	砂糖 90g	調溫黑巧克力 12片
	鹽 一小撮（約0.5g）	調溫白巧克力 6片
	雞蛋 3個	巧克力筆

事前準備　‧將低筋麵粉、杏仁粉和泡打粉一起事先過篩。
　　　　　‧在瑪芬模型中放入烘焙紙模。
　　　　　‧開始烘烤的前10～20分鐘先將烤箱預熱至180°C。

小熊瑪芬作法

1 在碗中打入雞蛋，用電動打蛋器打散。

2 加入砂糖、鹽和果糖，並用電動打蛋器打發至呈米白色為止。

3 加入已過篩的低筋麵粉、杏仁粉和泡打粉，用攪拌刮刀輕輕拌勻。

4 倒入牛奶和葡萄籽油，快速混勻，避免打發的麵糊消泡。

5 將麵糊填入擠花袋,擠到瑪芬紙模中約7
～8分滿。

6 放入預熱至180℃的烤箱中烤20～25分
鐘,取出後放在冷卻架上待涼。

7 用兩片調溫黑巧克力作成耳朵,並在調溫
白巧克力平的那一面用巧克力筆塗上一點
巧克力,黏在瑪芬表面,最後用巧克力筆
畫出小熊的眼睛、鼻子和嘴巴,完成。

如果沒有巧克力筆,也可以在擠花袋中裝入隔水融化的巧克力,畫出小熊的五官。

胡蘿蔔杯子蛋糕

這是一款讓不愛吃胡蘿蔔的小孩也能開心享用的杯子蛋糕。就用鬆軟濕潤的瑪芬和滿滿的鮮奶油來抓住孩子們的胃和視線吧。

直徑5x4cm 瑪芬模具
6個

180℃

25～27分

密閉容器
冷藏3天

材料
胡蘿蔔 75g
核桃（切碎） 20g
低筋麵粉 100g
泡打粉 3g
肉桂粉 兩小撮
砂糖 90g

鹽 2g
雞蛋 1個
葡萄籽油 100ml
香草精 4～5滴（可省略）
裝飾用胡蘿蔔、切碎核桃 少許

乳酪醬
奶油乳酪100g、鮮奶油50ml

事前準備
・將胡蘿蔔洗淨切碎。
・將低筋麵粉、泡打粉和肉桂粉一起事先過篩。
・在瑪芬模型中放入烘焙紙模。
・開始烘烤的前10～20分鐘先將烤箱預熱至180℃。

胡蘿蔔杯子蛋糕作法

1 在碗中加入葡萄籽油、砂糖和鹽，用打蛋器輕輕打散。

2 加入雞蛋，用打蛋器打散，持續攪打到砂糖完全融化為止。接著加入香草精拌勻。

3 混入切碎的胡蘿蔔。

4 加入已過篩的低筋麵粉、泡打粉、肉桂粉以及切碎的核桃，用攪拌刮刀拌勻，麵糊完成。

5　將麵糊填入擠花袋，擠到瑪芬紙模中約7
　～8分滿。

6　放入預熱至180℃的烤箱中烤25～25分
　鐘，取出後放在冷卻架上待涼。

將圓形花嘴套在擠花袋上。

7　在另一個碗中放入奶油乳酪，用電動打蛋
　器打到鬆軟，接著倒入鮮奶油打發，直到
　質地變得像霜淇淋般柔滑，乳酪醬完成。

8　將乳酪醬填入擠花袋中，從瑪芬中央開
　始畫圈擠上乳酪醬，接著放上裝飾用的
　胡蘿蔔和切碎的核桃。

Chu Chu's easy tip

·擠上乳酪醬後請務必冷藏存放，避免天氣太熱導致乳酪醬塌陷。

馬鈴薯披薩

最適合用來墊墊肚子的人氣輕食—馬鈴薯披薩。除了馬鈴薯之外，還可以放上各種孩子們喜歡的食材。孩子們一定也會對這道最營養、最豐盛的媽媽牌披薩豎起大拇指的。

直徑30cm圓形烤盤 1個　　　200℃　　　20分　　　密閉容器 冷藏3天

材料
高筋麵粉 300g
乾酵母 5g
砂糖 25g
鹽 4g
奶油 15g

雞蛋 1個
市售披薩醬（或番茄醬）3匙
水 150ml
手粉（玉米粉）少許

材料
馬鈴薯3個、莫札瑞拉起司200g、火腿200g、洋蔥1/2顆、
甜椒（紅、黃）各1/4個、辣椒1根、葡萄籽油2匙、
胡椒&香草鹽少許

事前準備
‧將蔬菜洗乾淨後放在濾網上瀝乾水份。
‧將高筋麵粉過篩。
‧開始烘烤的前10～20分鐘先將烤箱預熱至200℃。

1 參考p.156（栗子吐司）的步驟1~6作出
披薩麵團，之後用棉布蓋住麵團，進行中
間發酵。

2 將馬鈴薯切成一半，然後用波浪刀將馬鈴
薯切成大片。在鍋中倒水，將馬鈴薯煮到
7分熟後把水倒掉，加入葡萄籽油、胡椒
和香草鹽拌勻。

3 把馬鈴薯放入乾鍋中，煎至表面金黃，將
馬鈴薯盛盤備用。

4 將火腿、洋蔥和甜椒切碎成5mm大小，辣
椒切薄片。

5 把火腿、洋蔥、甜椒和辣椒放入鍋中，撒
上胡椒和香草鹽，炒到洋蔥半熟為止。

6 將玉米粉撒在工作檯上，放上步驟*1*完成
中間發酵的披薩麵團，再使用擀麵棍擀成
薄片。

7 將擀成薄片的披薩皮放在圓形烤盤上，用
叉子在底部戳出小洞。

8 均勻塗上披薩醬。

9 撒上莫札瑞拉起司，並均勻鋪上步驟5的
蔬菜，接著再撒一次莫札瑞拉起司，放上
煎過的馬鈴薯。

10 放入預熱至200℃的烤箱中烤20分鐘。

Chu Chu's easy tip

· 如請善用冰箱裡剩下的各種食材。

· 手粉使用玉米粉能讓披薩皮吃起來更香更有嚼勁，如果沒有玉米粉也可用高筋麵粉。

· 可以把3匙番茄醬、切碎的大蒜、洋蔥各1/2匙，以及少許巴西里粉末混合後稍微加熱
一下，就可以代替市售的披薩醬了。

8000萬人認證絕對不會失敗的食譜

滿足館 Appetite 045

My First Home Baking
挑戰第一次在家烘焙

崔志蓮 / 著
徐小為 / 譯
責任編輯 / 趙曼孜
美術設計 / 王慧傑

印　　務 / 黃禮賢 李孟儒

社　　長 / 郭重興
發行人兼出版總監 / 曾大福
出　　版 / 幸福文化出版社
發　　行 / 遠足文化事業股份有限公司
地　　址 / 231 新北市新店區民權路 108-2 號 9 樓
電　　話 / （02）2218-1417
傳　　真 / （02）2218-8057
郵撥帳號 / 19504465
戶　　名 / 遠足文化事業股份有限公司
印　　刷 / 中原造像股份有限公司
法律顧問 / 華洋國際專利商標事務所
　　　　　蘇文生律師
初版一刷 / 2017 年 7 月
定　　價 / 380 元

國家圖書館出版品預行編目資料

挑戰第一次在家烘焙：8000萬人認證,絕
對不會失敗的食譜 / 崔志蓮著；
徐小為譯. -- 初版. -- 新北市：幸福文化
出版：遠足文化發行, 2017.07
　ISBN 978-986-94174-4-0(平裝)

1.點心食譜
427.16　　　　　　　　　　　106006549

請沿虛線剪下，黏貼好後，直接投入郵筒寄回

23141

新北市新店區民權路 108-4 號 8 樓

遠足文化事業股份有限公司　收

幸福文化　書 名 挑戰第一次在家烘焙　書 號 0HAP0045

讀者回函卡

感謝您購買本公司出版的書籍，您的建議就是幸福文化前進的原動力。請撥冗填寫此卡，我們將不定期提供您最新的出版訊息與優惠活動。您的支持與鼓勵，將使我們更加努力製作出更好的作品。

讀者資料

●姓名：＿＿＿＿＿＿＿　●性別：□男　□女　●出生年月日：民國＿＿年＿＿月＿＿日

●E-mail：＿＿＿＿＿＿＿＿＿＿＿＿＿＿＿＿＿＿＿＿＿＿＿＿＿

●地址：□□□□□＿＿＿＿＿＿＿＿＿＿＿＿＿＿＿＿＿＿＿＿

●電話：＿＿＿＿＿＿＿　手機：＿＿＿＿＿＿＿＿　傳真：＿＿＿＿＿＿＿＿

●職業：□學生　　　　□生產、製造　　□金融、商業　　□傳播、廣告
　　　　□軍人、公務　□教育、文化　　□旅遊、運輸　　□醫療、保健
　　　　□仲介、服務　□自由、家管　　□其他

購書資料

1. 您如何購買本書？□一般書店（　　　縣市　　　書店）
　　　　　　　　　　□網路書店（　　　　書店）　□量販店　□郵購　□其他
2. 您從何處知道本書？□一般書店　□網路書店（　　　　書店）　□量販店　□報紙
　　　　　　　　　　□廣播　□電視　□朋友推薦　□其他
3. 您購買本書的原因？□喜歡作者　□對內容感興趣　□工作需要　□其他
4. 您對本書的評價：（請填代號 1. 非常滿意 2. 滿意 3. 尚可 4. 待改進）
　　　　　　　　　　□定價　□內容　□版面編排　□印刷　□整體評價
5. 您的閱讀習慣：□生活風格　□休閒旅遊　□健康醫療　□美容造型　□兩性
　　　　　　　　□文史哲　□藝術　□百科　□圖鑑　□其他
6. 您是否願意加入幸福文化 Facebook：□是　□否
7. 您最喜歡作者在本書中的哪一個單元：＿＿＿＿＿＿＿＿＿＿＿＿＿＿＿＿

8. 您對本書或本公司的建議：＿＿＿＿＿＿＿＿＿＿＿＿＿＿＿＿＿＿＿

＿＿＿＿＿＿＿＿＿＿＿＿＿＿＿＿＿＿＿＿＿＿＿＿＿＿＿＿＿＿＿＿

＿＿＿＿＿＿＿＿＿＿＿＿＿＿＿＿＿＿＿＿＿＿＿＿＿＿＿＿＿＿＿＿

＿＿＿＿＿＿＿＿＿＿＿＿＿＿＿＿＿＿＿＿＿＿＿＿＿＿＿＿＿＿＿＿

＿＿＿＿＿＿＿＿＿＿＿＿＿＿＿＿＿＿＿＿＿＿＿＿＿＿＿＿＿＿＿＿

＿＿＿＿＿＿＿＿＿＿＿＿＿＿＿＿＿＿＿＿＿＿＿＿＿＿＿＿＿＿＿＿